한번쯤 성형을 고민한 당·신·에·게

한번쯤 성형을 고민한 당·신·에·게

초판 1쇄 인쇄 2011년 10월 14일
초판 1쇄 발행 2011년 10월 24일

지은이 유상욱 서일범 이재석
펴낸이 이범상
펴낸곳 (주)비전비엔피·애플북스

기획 편집 최정원 황지유 고은주 노영지
디자인 남금란 최희민
영업 한상철 한승훈
관리 박석형 이다정
마케팅 이재필 김희정

주소 121-865 서울시 마포구 서교동 377-263번지 1층
전화 02)338-2411 | **팩스** 02)338-2413
이메일 visioncorea@naver.com
블로그 blog.naver.com/visioncorea

등록번호 제313-2007-000012호

ISBN 978-89-94353-12-8   13590

· 값은 뒤표지에 있습니다.
· 잘못된 책은 구입하신 서점에서 바꿔드립니다.

이 도서의 국립중앙도서관 출판시도서목록(CIP)은 e-CIP홈페이지(http://www.nl.go.kr/ecip)와 국가자료공동목록시스템
(http://www.nl.go.kr/kolisnet)에서 이용하실 수 있습니다.(CIP제어번호: CIP2011004233)

한번쯤
성형을
고민한
당·신·에·게

유상욱 · 서일범 · 이석재 원장 | 지음

애플북스

성형은 메스로 인생을
업그레이드하는 정신 의학이다

비밀 엄수. 특히 의학 계통은 환자의 예민한 정보를 다루기 때문에 중요하다. 그중에서도 가장 민감한 분야는 성형외과와 정신과이다. 이유는 설명하지 않더라도 잘 알 것이다. 이 분야 의사들은 여러 번 얼굴을 익힌 환자라도 밖에서는 아는 척하지 않는 것을 원칙으로 한다. 서로 애써 못 본 척하며 지나치는 어색한 순간을 몇 번이나 겪었던가. 그럴 때마다 가끔 이 길로 들어온 것이 잘못된 것은 아닌가 하는 생각도 들었다.

변화를 느낀 것은 최근이다. 어느 휴일 번화가를 걷고 있는데 한 아가씨가 멀리서부터 뛰어왔다.

"원장니임~~~!"

지난번 내가 수술한 여성이었다. 번화가라서 더욱 생소한 순간이었다. 그녀는 친구들에게 나를 소개해주며 어느 부위를 수술했는지 자랑스럽게 설명했다. 그 친구들은 성형 수술에 대해 이것저것 물어보기 시작했다. 길에서 선 채로 30분 정도를 얘기한 것 같다.

　신선한 충격이었다. 병원을 찾는 이들이 점점 많아지고 있지만, 이러한 인식의 변화는 처음으로 맞이했다.

　사람들은 생각하는 이상으로 성형에 무지하다. 성형이 보편화되어도 무지와 오해는 십 년 전과 전혀 다르지 않은 것 같다. 그 친구들만 해도 성형에 관한 진실이 자신들이 알고 있던 상식과 많이 다르다는 것에 상당히 놀란 것 같았다. 나 또한 잘못된 환상과 정보로 무엇인가가 잘못되었다는 것을 느꼈다.

　나는 인기 있는 인터넷 성형 카페를 검색해서 둘러보았다. 정보의 양은 많았지만 신뢰도와 질은 높지 않았다. 많은 사람들이 병원을 찾아 직접 상담을 받기 전까지 부정확하거나 부족한 정보로 성형을 결심하게 된다니 착잡했다.

　성형외과 수와 성형을 고민하는 인구는 점점 늘어나고 있지만, 지침이 되는 통로는 너무나도 적었다. 성형을 경험한 사람이라 해도 주관적으로 전해서 한계가 있고, 성형 정보를 다룬 콘텐츠도 너무나 적었다.

　이것이 이 책을 쓰기로 결심한 동기다. 성형 수술에는 장점도 있고 단점도 있다. 성형을 반대해도 싫어해도 좋지만, 문제는 제대로 알지 못한 채 성형을 맹종하거나 혐오하는 것이다.

　이 책은 '성형과의 조우'를 위해 썼다. 성형에 대한 인식은 어떻게 변화했는지, 성형의 역사는 어떠한지, 그리고 어떤 마음을 지녀야 올바른 성형이 가능한지를 기록했다.

　수술에 관한 의학적 정보보다 더 중요한 것은 마음가짐이다. 성형 수술은 '메스를 사용한 정신 의학'이라 불리기도 한다. 결점을 보완해주는 수술을 적절히 한다면 외모뿐 아니라 삶의 자세 역시 변하여 이전과 다른 행복한 삶을 살 수 있다. 반면, 그저 예뻐지고 싶다는 생각만으로 수술한 사람들은 자신의 외모에 만족하지 못한 채 의미 없는 수술을 계속 반복할 수도 있다. 무엇이 목적이냐에 따라 달리 나타나는 결과이다.

성형외과란 참 애매한 영역이다. 어떻게 보면 수술이 필요한 사람은 아무도 없고, 어떻게 보면 완벽한 얼굴이란 없다. 사실 성형은 '자신을 바라보는 자신의 눈' 그리고 '자신을 바라보는 타인의 눈'에 변화를 주는 것이 목적이다. 실제로 최종적으로 변화하는 것은 마음이다. 자신에 대한 성찰과 미래의 지향점을 강조하는 것은 바로 이 때문이다.

수술을 전문으로 하는 의사는 최대한 완벽하고 완성도 있는 수술을 해야 한다. 그러나 환자의 마음까지 조각해주는 데는 한계가 있다.

나는 이 책을 수술을 집도하는 마음으로 썼다. 또한 현재 대한민국에서 살아가고 있는 사람들에게 적절한 솔루션을 찾으려 했다. 수술을 할 때마다 언제나 무거운 긴장감이 들지만, 집필로 수술 영역을 확장하면서 지금까지 그 어떤 때보다 더 긴장을 느낀 것 같다. 후회는 없다.

잘된 수술인지 어떤지는 이 책을 읽는 독자들에게 판단을 맡겨야 할 것 같다. 부디 성공적인 수술이었기를 바랄 뿐이다.

대표 저자 유상욱

차례

Beautiful Plastic Surgery

Beautiful
Plastic
Surgery

PART 01

예쁘면 괜찮아

성형은 치료다. 늘 의식하게 되고 콤플렉스를 느끼는 부분을 정신과 상담이 아닌
메스로 고쳐준다. 기능과 한계를 인정하고 목표에 따라 선택한 성형 수술은
더 이상 죄가 아니다. 바야흐로 우리 몸도 리모델링 시대가 되었다.

허물어지는 자연미인과
성형미인의 경계

아름다운 외모는 만들어진다

방학이 끝난 후 캠퍼스에 모인 학생들이 몇 달 동안 보지 못했던 친구들과 쌓인 이야기를 나눈다. 새롭게 산 옷과 가방과 구두를 보면서 서로 관심을 보인다.

"이거 신상품이지? 아, 나도 가지고 싶었는데."

자신의 것과 비교하며 뿌듯함을 느끼기도 하고 질투를 하기도 한다. 브랜드와 가격에 대해 토론을 펼치기도 한다. 어느 연예인이 TV에 무슨 옷을 입고 왔는지에 대한 이야기도 불쑥 튀어나온다. 그러다 한 친구의 등장에 할 말을 잃고 다 같이 주목한다.

"너, 했구나!"

    몇 달 전만 해도 '쟤는 눈도 예쁘고 얼굴형도 좋은데 코가 너무 넓적해'라고 흉을 보았던 친구다. 그 친구가 연예인 저리 가라 할 정도로 날렵하고 오뚝한 코를 자랑스럽게 치켜들고 걸어왔다. 새 옷을 산 것처럼, 새 가방을 장만한 것처럼, 코가 가장 잘 보이게 하려는 마냥 고개를 치켜세우고 있었다. 어느새 그녀 주위를 둘러싼 친구들. 쏟아지는 질문 공세에 누가 무슨 말을 하는지 알아들을 수 없을 지경이다.

"자자, 한 명씩 물어봐."

애초부터 성형을 부끄러워하기보다는 새롭게 장만한(?) 코를 과시하고 싶은 듯한 태도다.

'어디서 한 거니?' '얼마 들었어?' '아프지는 않았어?' '부기 빠지는 데 얼마나 걸렸어?' '어머 정말 자연스럽다. 나도 하고 싶어' 무척이나 부러운 눈빛으로 그녀의 신상코를 관찰하고 만져도 보는 친구들. 경멸의 시선이라고는 보이질 않는다.

친구들은 방과 후에 성형 정보를 인터넷으로 찾아볼지도 모른다. 몇 명은 부모님이나 남자 친구에게 자기도 수술하고 싶다고 말할 것이며, 일부는 병원이 어디인지 물어서 상담을 하러 가야겠다고 생각할지도 모른다. 성형은 이제 더 이상 숨겨야 할 무엇이 아닌, 자랑할 만한 것으로 탈바꿈했다.

많은 이들이 자연스러운 아름다움을 좋아하지만, 자연 그대로 아름다운 것은 매우 적다. 경치 또한 마찬가지다. 절경이라 손꼽히는 관광지는 지구 전체의 극소수일 뿐, 대부분은 그저 그런 풍경에 지나지 않는다.

누구나 신축 건물을 보고 감탄한 적이 있을 것이다. 길이 제대로 나 있지도 않은데다 비가 오면 진흙탕이 되고 엉망이던 곳에 깨끗하게 아스팔트가 깔리고 신축 건물이 올라왔을 때 느껴지는 깔끔함이란! 사실 특별한 몇몇 자연경관을 제외하면 우리는 대부분 자연 그 자체를 아름답다 생각하지 않는다. 오히려 자연의 무절제함 속에 절도 있고 균형 있게 만들어진 인공 건축물에 감탄하곤 한다.

"남자는 성형한 얼굴과 성형하지 않은 얼굴 중 어느 쪽을 선호하나
요?"

"예쁜 여자를 선호하죠."

'자연스러움'과 '아름다움'은 일치하지 않는다. 자연스러워도 아름답
지 않을 수 있고, 자연스럽지 않더라도 아름다울 수 있다. 성형이 지금
만큼 보편화되지 않았던 시절에는 쌍꺼풀 수술 하나만 하더라도 남들이
모르게 티나지 않게 하는 것이 대세였다. 하지만 지금은 티가 나더라도
확연하게 아름답게 바뀌는 것을 선호하는 쪽으로 트렌드가 바뀌었다.

연예인들조차 성형 사실을 부인하지 않고 당당하게 밝히는 지금, 사
람들은 아이쇼핑을 하듯 여러 성형외과를 돌며 상담을 받는다. 몇 달 동
안 저금을 하며 언젠가 갖고 싶은 핸드백을 자신의 손에 쥘 날을 기대하
듯, 몇 달 동안 저축하며 좀 더 아름답게 변할 자신의 얼굴을 꿈꾼다. 이
정도 되면 얼굴의 '도시화' 단계라고 부를 수도 있을 것이다. 경제개발이
한창이던 때 자기 마을에도 도로가 깔리고 아파트가 들어서길 바랐던
것처럼, 인공적이더라도 성형을 통해 세련되고 화려하게 변한 연예인이
나 주변인들처럼 자신의 외모도 문명의 혜택을 받기 바란다.

성형은 메스를 사용하는 정신 의학이다

성형에 대해 부정적으로 보는 의견도 있다. 사실상 질환이 없는 일반인에
게 하지 않아도 될 수술을 한다는 것, 병이 있는 환자에게도 피할 수 있다
면 지양하는 수술을 단지 미용을 위해서 하는 것이 옳으냐는 시각이다.

한 마디로 말해 아프지 않은 사람을 수술해서 되겠느냐는 반론이다.

그에 대한 반박으로 성형 수술을 정의하는 한 마디가 있다.

"성형은 메스를 사용하는 정신 의학이다."

재건이나 교정이 필요하지 않은 정상적인 얼굴이라도 사회에서 불리한 외모로 작용하는 경우가 많다. 예를 들어 들창코, 작은 눈, 주걱턱 등은 놀림의 대상이 되기 쉽다.

아무리 '당신은 정상이다' '수술 같은 것은 필요하지 않다' '외모지상주의는 잘못된 것이다'라고 말하더라도 외모로 불이익을 겪는 일은 현실에 엄연히 존재한다. 물론 완벽한 외모에 대한 욕망은 채울 수 없다. 아무리 성형 수술이 발달하더라도 자신이 원하는 이상적인 외모에 100% 일치하는 얼굴을 만들 수는 없다. 허황된 욕망은 중독으로 이어지며 인생을 피폐하게 만들 뿐이다.

그러나 과하지 않은 수술로 콤플렉스를 느끼는 부분을 고쳐서 좋은 인상을 만들 수 있다면 분명 의미 있는 일이다. 그저 좀 더 예쁜 얼굴로 변한다는 것이 전부가 아니다. 변한 얼굴로 콤플렉스를 버리면 자신감이 생기고 성격까지 밝아진다. 예쁜 외모를 지녔을 뿐만 아니라 더 이상 콤플렉스를 느끼지 않는 이에게서 뿜어 나오는 자신감은 사람들을 매료시킨다. 궁극적으로 목표가 확실하고 적당한 성형은 이렇게 사람의 심리와 인생에까지 영향을 준다. 그렇다면 과연 성형을 허영이라고 부를 수 있을까?

많은 사람들이 학력 위주의 사회를 비판하면서도 학력 중심 사회 속에서 뒤처지지 않기 위해 안간힘을 쓴다. 외모지상주의를 반대하는 자들 역시 마찬가지다. 외모지상주의가 사람의 본질보다 외모에 치중하고 성을 상품화한다는 자성의 소리가 넘치고 있지만, 그런 구호를 외치는 이들도 오늘은 어떤 옷을 입어야 할지, 어떤 머리를 해야 좀 더 매력적으로 보일지 고민하며 공들여 화장을 한다.

성형의 가장 큰 이점은 자기만족이다. 옷을 사고 핸드백을 사는 것이 남에게 보여주기 위한 것만이 아니라 스스로 만족하기 위한 것이듯 말이다.

성형은 자기계발 중 하나다. 외모가 첫인상을 좌우하고 면접에서도 외모를 보는 이 시대에 미모는 하나의 스펙으로 작용한다.

성형은 또한 치료다. 늘 의식하게 되고 콤플렉스를 느끼는 부분을 정신과 상담이 아닌 메스로 치료해준다.

성형은 일상이다. 이제 더 이상 금기가 아닌, 누구나 관심을 갖고 충분히 고려해볼 수 있는 일상이다.

이제 자연 미인과 성형미인을 다른 시각으로 보는 것은 그다지 큰 의미가 없다.

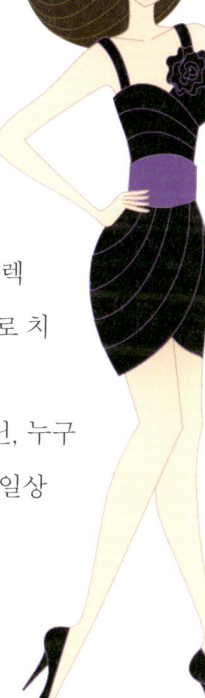

불법 야매의 왕국에서
성형 강국이 되기까지

공급이 수요를 못 따르던 시절

선풍기 아줌마. 불법 이물질 주입의 부작용으로 얼굴이 네 배 정도 부풀어 오른 충격적인 모습으로 세간을 떠들썩하게 했던 사람이다. 아름다워지고 싶다는 욕망이 너무 앞선 나머지 불법 성형 시술로 정신적, 신체적 고통을 겪고 있는 그녀는 미에 대한 여성의 욕망을 겨냥한 '불법 야매 성형 시술'의 폐해를 고스란히 보여주었다.

외국에서는 찾아보기 힘든 불법 야매 성형 시술이 우리나라에서는 왜 성행했던 것일까. 그 이유는 두 가지 정도로 요약할 수 있다. 하나는 성형을 바라는 수요에 비해 성형을 할 수 있는 의사가 과거에는 턱없이 부족했고, 다른 하나는 성형에 대한 부정적인 인식이 팽배했기 때문이다. 그러다 보니 양지에서 떳떳하게 수술을 받는 것보다 음지에서 몰래 시술을 받는 잘못된 선택을 하는 일이 많았다.

한 번 쯤
성형을 고민한
당신에게

우리나라에 본격적으로 성형 수술이 소개된 것은 6·25전쟁 중 미군 군의관에 의해서다. 이후 1960년대부터 전문 진료가 시작되었다고 알려졌다.

실제로는 1930년대 중·후반부터 일본 의사 혹은 비전문의에 의한 성형 수술이 꽤나 인기를 끌었다. 당시 신문에서는 쌍꺼풀 수술이나 코 수술뿐 아니라 해외에서 시도했던 가슴 성형, 다리 성형 수술 사례까지 상세히 알려줘 가며 여성들에게 미모 가꾸기를 부추겼다. 1970~80년대에 들어서서야 기본적인 쌍꺼풀 수술 정도가 시작되었을 것이라는 통념과 달리 아주 오래 전부터 다양한 신체 부위에 대한 성형 기법이 신문 지면 광고를 통해 대대적으로 소개되었다. 반면 유교적 사상 때문인지 사설은 성형 수술이 위험하고 부자연스럽다며 억압하는 이중성을 보였다.

이미 일제 강점기 시절 성형에 대한 관심과 수요가 발생했지만, 해방을 맞이하면서 막상 성형 수술이 가능한 일본 의사들은 본국으로 떠나갔다. 수요는 있지만 공급이 없는 상황이 벌어진 것이다. 그 공백을 메워준 이들이 바로 6·25전쟁에 참가한 미국 군의관들이다. 미국 군의관들이 집도하던 시술은 당시로서는 첨단 중의 첨단으로 더욱더 성형에 대한 관심을 증폭시켰다. 하지만 체계적인 성형 전문의 교육을 받은 의사는 단 한 명도 우리나라에 없었다. 성형을 바라는 사람은 넘쳐났으나 수술을 해줄 의사는 거의 없었다.

이러한 환경의 영향으로 성형에 대한 전문적 지식과 기술이 없는 일반 개원의나 돌팔이가 무분별하게 수술을 시작했다. 마구잡이로 쌍꺼풀을 만들고, 코나 유방에 파라핀 등과 같은 이물질을 주입하는 등 비전문의가 하는 시술은 문제점이 많았다. 그 결과 부작용과 합병증이 생긴 사람들이 늘어났다. 그런 사건들이 신문 지면을 장식하면서 사람들은 불법 시술이 성형외과의 전부인 양 오해하게 됐다.

유교 사상으로 성형에 대해 이중적인 태도를 보여 온 우리 사회는 돌팔이들이 만들어낸 피해 사례로 더욱 부정적인 시각을 갖게 되었다. 이런 상황이 개선되는 데는 오랜 시간이 필요했다.

세계에서 원정 오는 성형 강국

1961년 6월, 우리나라 의사로서는 처음으로 미국에서 성형외과 전공의 과정을 마치고 돌아온 유재덕 교수가 연세의대에서 성형외과 전문 진료와 교육을 시작했다. 1973년 보건사회복지부는 성형외과를 전문 진료 과목으로 인정하고, 1975년부터 성형외과 전문의 자격 고시를 시행하여 전문의들을 배출했다.

하지만 돌팔이들의 불법 진료는 계속 이어졌다. 종교계에서는 신이 만든 신체에 메스를 가해 형태를 고치는 것은 신에 대한 모독 행위라고 손가락질했다. 나아가 성형외과 의사들을 악마의 숭배자라고 탄압했다. 부모에게 물려받은 신체에 손을 대서는 안 된다는 유교 사상 역시 성형에 대한 박해에 힘을 실었다.

그러나 구순구개열(언청이) 같은 선천적 기형을 치료해서 정상적인 사회생활이 가능하도록 하고, 사고로 훼손된 신체를 회복하는 재건 성형이 점차 알려지면서 성형 수술에 대한 부정적인 시각이 점점 달라졌다. 성형 전문의의 숫자 역시 증가했다. 대한의사협회의 조사에 의하면 1975

년에 처음으로 22명의 성형외과 전문의가 배출된 이래 2011년 1,800명으로 증가했다. 약 35년간 80배 이상이 늘어난 셈이다.

성형외과 의사의 증가만큼 수술 건수도 급격히 늘어났다. 국제미용성형협회에 따르면 2009년 기준 한국의 성형 수술 건수는 65만 건으로 집계되었다. 의사 1인당 시술 횟수도 그 어느 나라보다 많다.

일류 성형외과 전문의가 되는 데 가장 중요한 요소는 다양한 수술 경험의 축적이다. 경험이 많을수록 수술 실력과 기법 그리고 미적 감성이 높아진다. 이는 현재 우리나라 성형외과 의사들이 세계 톱클래스로 인정받는 가장 큰 요인이다.

그간 누적된 성형 수술 건수를 합친다면 엄청난 숫자가 나올 것이다. 이런 양적 변화는 질적 변화를 초래하기에 이르렀다. 성형 수술에 대한 사람들의 인식도 변하기 시작했다. 1990년대만 하더라도 대부분 남자들은 애인이나 아내가 성형 수술한 것을 알게 되면 헤어지겠다고 했다. 하지만 많은 여성들이 성형 수술을 받는 지금 그런 사고방식은 시대에 맞지 않게 됐다. 여자 친구나 부인이 예쁘기만 하다면 성형 수술을 했더라도 상관없다는 것이 보편적인 정서로 바뀌고 있다.

성형 수술이 보편화되기 전 너무 비싼 비용도 불법 성형 시술의 유행에 한몫을 했다. 하지만 성형 수술이 보편화되고 성형외과가 늘어나면서 비용도 예전에 비해 많이 저렴해졌다. 성형 수술의 보편화와 가격 경쟁을 통한 대중화, 그리고 인식 변화로 이제 더 이상 음지에서 불법 성형 시술을 할 이유가 없다.

하지만 지금도 불법 성형 시술은 터무니없이 낮은 가격으로 빠른 시간 안에 예뻐질 수 있다는 눈속임으로 유혹하고 있다. 허가를 받지 않은 일부 피부 관리실이나 미용실, 찜질방 등에서 바셀린, 실리콘, 파라핀 등을 이용한 불법 성형 시술을 받은 사람들이 부작용으로 고통받고 있다. 일본과 중국 등 세계 각지에서 사람들이 원정을 오는 성형 강국인 한국에 아직도 불법 성형 시술이 남아있다는 것은 아이러니한 일이다.

우리 몸은
리모델링 시대

후천적인 미모를 겨루는 성형미인 대회

2009년 10월 9일 헝가리 부다페스트에서 '미스 헝가리 성형미인 대회 (The Miss Plastic Contest in Hungary)'가 열렸다. 이 대회 이름에 Beauty 대신 Plastic(인공)을 사용한 것은 성형 수술을 받은 여성들만 참가할 수 있었기 때문이다. 세계 최초로 열린 성형미인 대회의 참가 조건은 보톡스나 콜라겐 주사를 제외한 외과적인 성형 수술을 최소 한군데 이상 받은 18세 이상 여성이었다. 즉 자연미인은 참가할 수 없는, 그야말로 '인간이 만든' 여성의 아름다움을 겨루는 대회였다.

심사위원은 참가자들의 미모를 평가하는 일반 심사위원들과 성형 수술 전후 차이를 비교 평가해 성형 수술의 질을 판단하는 특수의료위원회로 구성됐다. 우승자에게는 부상으로 아파트 한 채를 주었다. 가장 아름다운 가슴을 만들어주거나 가장 안전하게 지방과 주름을 제거해준 성

형외과 전문의에게도 상금이 주어졌다. 성형 수술로 아름다워진 사람뿐
만 아니라 그 아름다움을 만든 공로자에게도 상을 준 것이다.

선천적으로 타고난 미모가 아니라 후천적으로 만든 미모를 겨루는 대
회. 누구나 주인공이 될 수 있다는 생각 때문이었는지 대회는 성황을 이
루었다. 2010년에는 2차 대회가 열렸고, 앞으로도 매년 개최될 것으로
보인다.

매년 우리나라에서 미스 코리아가 선발될 때마다 거의 빠짐없이 성형
여부 논란이 일었다. 고친 외모로 상을 받는 것을 납득할 수 없다고 반기
를 든 것이다. 하지만 성형이 일상이 된 지금, 굳이 성형 사실을 감추려
할 필요가 있을까? 어쩌면 헝가리처럼 성형미인을 선발하는 것이 지금
이 시대에 맞는 일일지도 모른다.

연예인은 외모 리모델링이 대세

1970~80년대만 하더라도 연예인들의 성형 수술은 팬들에 대한 배신으
로 여겨졌다. 자신들이 추앙한 미모가 인공으로 만들어진 거짓된 것이라
면 시청자를 우롱한 것이라는 주장이었다. 연예인들은 가급적이면 성형
수술을 피하려고 했고, 받더라도 은밀하게 했다. 성형 수술 사실이 알려
지면 어떻게든 변명을 해야 했다.

"차 사고가 나서 코가 내려앉아 어쩔 수 없었습니다."
"눈 주위가 찢어져서 흉터를 감추기 위해 수술한 거예요."

연예인이 성형 사실을 숨기는 추세는 1990년대까지 계속되었으나 2000년 즈음하여 변화를 맞이했다. 바로 인터넷의 활약 때문이다. 사람들은 연예인들의 과거 사진과 방송 화면을 캡처해서 비교해가며 외모의 변화를 지적하기 시작했다. 그전까지는 물증(?)을 찾기 힘들었기에 다들 적극 부인하는 것으로 충분히 대처가 가능했다. 하지만 인터넷이 일상화된 후로는 더 이상은 그렇게 하기가 어려워졌다. 요즘은 연예인들이 휴식기를 보내고 복귀할 때마다 성형 여부에 대한 논란이 끊이지 않는다. 심지어는 성형 여부를 판별하기 위해 졸업 사진까지 찾아내서 비교하곤 한다. 이러한 네티즌들의 태도는 탐정에 비유할 만큼 집요하다.

성형에 대한 통념이 확실하게 바뀌지 않은 상태에서 인터넷을 통해 큰 곤혹을 치른 사례로는 2001년 한 개그우먼의 경우를 들 수 있다. 그녀는 운동으로 30kg을 뺐다고 하면서 다이어트 관련 의료기구 광고를 찍기도 했다. 하지만 네티즌들이 지방흡입술에 대한 의혹을 제기하기 시작하면서 문제가 불거졌다. 해당 연예인은 기자 회견을 하며 사실을 부인했으나, 결국 시술을 해줬던 성형외과 의사가 턱선, 가슴, 팔, 배, 허벅지 등 전신에 걸쳐 지방흡입술을 했다는 사실을 폭로함으로써 거짓이 드러났다. 그 결과 그녀는 한동안 방송 출연을 하지 못하게 됐다.

그러한 처분은 성형 수술을 받았다는 것만이 아니라 거짓말로 사람들을 우롱했다는 점에 크게 기인했다. 그녀가 성형 수술을 숨기려 했던 동기는 아무래도 당시 통념이 성형에 대해 부정적이기 때문이었다.

2004년이 되어도 연예계는 성형 사실을 극구 부인하는 것이 대세였다.

"꾸준히 운동을 한 덕에 젖살과 군살이 다 빠진 거예요."
"성형외과는 근처에도 간 적이 없습니다."
"사진이 잘 나와서 그래요."
"머리 모양을 바꿔서 그래 보이는 것뿐이에요."

2005년이 되자 성형 사실을 인정하는 연예인들이 나타나기 시작했다.

"선천적으로 코가 휜 탓에 호흡이 곤란해서 수술을 하게 되었습니다."
"눈썹이 자꾸 찔려서 쌍꺼풀 수술을 하게 되었어요."
"턱선이 날카로워서 배역에 어울리지 않아 보톡스를 맞았어요. 턱을
   깎은 건 아니고요."

배역에 맞는 인상을 만들기 위해, 혹은 선천적인 기능 장애 때문에 수술을 받았다고 하는 데서부터 연예인들의 성형 고백은 시작되었다. 전면적인 수술에 대해 시인하는 것은 꺼렸지만 눈을 집었다, 코를 집었다는 수준의 수술과 메스를 대지 않는 필러나 보톡스 등을 주입하는 가벼운 시술에 대해서는 곧잘 시인했다. 이것은 성형 트렌드를 변화하는 커다란 도약이자 기폭제가 되었다.

연예인들의 성형 고백과 일반인들의 성형 열풍은 맞물리는 관계다. 많은 일반인들이 성형 수술을 좋게 인식한 덕분에 연예인들도 쉽게 고백할 수 있게 됐다. 성형으로 더욱 예뻐진 연예인들의 모습을 보면서 일반인들은 성형에 대한 욕구를 키워나갔다. 몇 년 전만 해도 안면윤곽 수술

을 하고도 단순히 치아 교정을 해서 얼굴이 달라보인다고 변명하던 연
예인들이 지금은 마치 성형 전도사라도 된 것처럼 몇 군데를 고쳤다고
스스럼없이 공중파에서 웃으며 이야기한다.

> "코가 오똑해서 성형했다고 의심하는 분들이 많은데 코는 자연산이에
> 요. 쌍꺼풀과 라미네이트는 소속사 권유로 했지만요."
> "최근에 공개된 졸업사진 모두 저 맞아요. 저는 단 한 번도 성형을 하
> 지 않았다고 말한 적이 없어요."
> "사실 숨긴다고 될 일도 아니잖아요. 사진만 보면 다 아실 텐데. 쌍꺼
> 풀 수술하고 코 수술 했어요."
> "저희 멤버들은 다 합쳐서 성형 횟수가 27번이에요."
> "쌍꺼풀은 원래 있었는데 화면에 잘 나오려고 한 번 더 집었어요. 코
> 에는 필러를 맞았고요."

이제는 어느 정도 나이가 있는 연예인들뿐만 아니라 심지어 아이돌까
지도 성형 사실을 부인하지 않는다. 과거 '연예인 성형 전후 사진'은 인
터넷을 달구며 연예인들을 질타하고 비방하는 데 사용되었지만, 현재는
오히려 성형의 놀라운 효과를 알려주고 자신도 그렇게 예뻐질 수 있지
않을까 하는 기대를 갖게 한다. 사람들은 그런 연예인들에게 반감을 갖
기보다는 솔직하게 사실을 인정하는 당당함을 높이 산다. 성형 고백으로
오히려 인기가 높아진 연예인도 있다.

물론 그런 고백이 과도한 기대감을 부추기고 큰 고민 없이 쇼핑하듯

성형외과를 찾게 한다면 문제가 될 것이다. 하지만 자신을 좀 더 사랑하고 자신감을 갖게 해준 성형 사실을 숨기지 않고 남들에게 떳떳하게 말할 수 있게 되었다는 것은 의미가 크다.

　이미 성형은 대중화되었고 몇 년 만에 인식도 엄청나게 변했다. 성형의 기능과 한계를 인정하고 자신이 목표하는 것을 분명하게 알고 선택한 성형 수술은 더 이상 수치가 아니다. 바야흐로 우리 몸도 리모델링 시대가 된 것이다.

진정한 발광체가
되는 법

성형 수술을 한 많은 이들이 주위의 시선과 대접이 달라짐을 느낀다고 말한다. 그전까지 외모에 콤플렉스가 있거나 외모 때문에 부당한 대우를 받아왔던 사람이라면 향상된 외모를 경쟁력으로 더 나은 사회생활을 하게 되지 않을까? 과연 성형 수술이 메스를 사용하는 정신 의학이라는 말은 진실일까?

성형 후 외모에 대한 자신감을 찾음으로써 자존감이 높아지고 매사에 의욕적으로 되는 경우가 많다. 이는 곧 능력 향상으로 이어진다. 반면 잘못된 방향으로 가는 경우도 많다. 성형 후 눈에 띄고 싶은 욕망을 의외의 곳에서 풀기 때문이다. 일상생활에서는 사람들의 대우가 피부로 느껴질 만큼 달라지지 않지만, 나이트 클럽 같은 데를 가면 수술 이전과 확 다른 대우를 받게 된다. 그런 시선을 느끼려고 수술 후에 밤 문화를 즐기는 횟수가 늘어나는 사람도 있다. 수수하고 단정하던 여학생이 성형 수술 후에 점점 옷차림이 과감해지고 말투나 몸가짐이 달라지기도 한다. 성형 수술이 오히려 독이 되지 않았나 생각되는 사례다.

수술로 새로이 얻게 된 매력을 타인의 시선을 통해 확인받고 싶은 것은 당연한 욕구다. 그러나 그런 욕구가 뒤틀리면 좋지 않은 결과로 이어진다. 성형 후에 관리할 것은 육체뿐만이 아니다. 부기나 염증을 관리하는 데 들였던 노력만큼이나 자신의 마음 역시 철저하게 관리해야 한다.

과연 무슨 목적으로 수술을 했는지 생각해야 한다. 성형 수술을 받은 목적이 한밤중에 생판 모르는 이들에게 외모를 과시하기 위해서였는가? 아마 외모 콤플렉스를 해결하고 당당한 모습으로 열정적인 삶을 살기 위해였을 것이다. 성형 수술은 목표의 종착지가 아닌 통과점이라는 것을 잊지 말아야 한다.

"같은 물이라도 소가 마시면 우유가 되고 뱀이 마시면 독이 된다"는 격언이 있다. 성형 수술 후 자기계발에 열을 올리는 사람이 있는 반면, 나이트 클럽에 가서 노는 것을 즐기는 사람이 있는 것은 변화를 즐기는 것과 변화에 안주하는 마음의 차이일 것이다.

수술을 통한 외모 변화는 삶을 한 차원 높이는 동기 유발이 된다. 업그레이드 된 외모에 걸맞게 이전보다 열심히 사는 사람은 외모에 어울리는 '알맹이'를 얻지만, 외모의 변화에만 안주하는 이는 속 빈 강정이 되기 쉽다.

당신은 무엇이 되고 싶은가? 겉도 화려하고 속도 꽉 찬 진정한 발광체가 되고 싶은가? 아니면 겉만 화려한 거품이 되고 싶은가?

외모는 사람을 돋보이게 하는 포장과도 같다. 그러나 아무리 포장이 좋아도 내용이 없는 사람은 지속적인 매력을 발휘할 수 없다. 아름다운 외모에 걸맞은 품성과 능력을 가지려고 노력하는 사람은 눈이나 코 하나가 아닌 인생 자체를 업그레이드하여 진정한 발광체가 될 것이다.

진정한 미녀는
지성과 미모를
갖춘 여자!

쉬어가는 이야기 베네수엘라에는 미인사관학교가 있다!

전 세계 인구의 0.36%, 전 세계 미인의 30%

현재 세계적인 3대 미인 대회는 미스 유니버스, 미스 월드, 미스 인터내셔널이다. 이 대회 때마다 눈에 띄는 한 나라가 있다. 미스 유니버스에서는 7차례 미스 인터내셔널에서는 6차례, 미스 월드에서는 5차례 1위를 차지함으로써 총 18명의 세계 대회 우승자를 낸 나라다. 이쯤 되면 궁금할 것이다. 과연 승자는 주최국인 미국 혹은 영국을 중심으로 한 유럽의 어느 나라일지 말이다. 의외로 정답은 둘 다 아니다. 세계 미녀 대회 우승자 중 가장 많은 숫자를 배출한 나라는 다름 아닌 베네수엘라이다.

무엇보다 놀라운 것은 베네수엘라의 인구이다. 베네수엘라의 인구는 2010년 기준 2,300만 명으로, 전 세계의 0.36%를 차지한다. 우리나라의 절반 정도밖에 되지 않는 인구로 우리나라는 지금까지 한 번도 배출하지 못한 세계 미인 대회 우승자를 한두 번도 아닌 무려 18번이나 냈다니 놀랄 만한 일이다. 미인 대회에 참가한 100개 이상 나라 가운데 80%는 한 차례도 우승자를 배출해내지 못했는데, 고작 세계 인구의 0.36%밖에 되지 않는 나라에서 세계 최고 미녀 중 30%가 나왔다니 풍수적으로 미인이 나올 지형이라도 되는지, 유전적으로 뭔가가 다른지 의문이 생길 정도이다.

혹자는 베네수엘라 국민들은 유럽과 현지인들의 혼혈이 많아서 선천적으로 아름답다고 말한다. 어느 정도 그럴 듯한 이야기이긴 하지만, 정답이라고 볼 수는 없다. 그렇게 따지자면 전 세계 모든 인종과 민족이 뒤섞여 있는 세계 최대의 다민족 국가이며 베네수엘라보다 15배 이상 인구가 많고 미인 대회의 종주국이어서 입상에 유리한 미국이 베네수엘라보다 성적이 좋지 않은 이유를 설명할 수 없기 때문이다.

미녀가 되는 것이 목표

베네수엘라는 2009년 기준 원유 생산량이 298만 배럴인 세계 4위 산유국이며, 원유를 머금은 모래까지 포함했을 때는 매장량 1위를 자랑하는 자원 부국이다. 2010년 기준 1인당 국민소득도 9,960달러로 높은 편이지만, 정치적 불안과 독재로 국민들의 90%가 빈민이다. 1999년 차베스 대통령 당선 이후에야 비로소 읽기 · 쓰기 · 셈하기의 무상 교육, 그리고 무상 의료가 실시되었고 상하수도 공공재에 대한 투자가 이루어질 정도로 삶의 수준이 열악했다. 너무나도 열악했기에 차베스의 개혁 이후 10년이 지나도 베네수엘라의 현실은 크게 바뀌지 않았다. 아직도 국민의 대다수는 생계를 유지할 일자리가 없고 총기범죄율은 세계 최악을 자랑한다.

베네수엘라에서 극빈한 생활을 벗어나기 위해 할 수 있는 것은 많지 않다. 다른 나라 사람들이 가난을 벗어나기 위해 농구 선수나 가수가 되는 것을 목표로 하듯이 베네수엘라 여성들은 미인이 되는 것을 목표로 한다.

여기서 궁금한 점이 생길 것이다. 미인이 되는 것을 목표로 한다고? 미인을 목표로 하면 미인이 될 수 있다는 것인가? 그렇다. 적어도 베네수엘라에서는 말이다.

미인이 되는 법을 수련하는 미인사관학교

베네수엘라에는 후천적인 훈련과 노력, 그리고 뼈를 깎는(?) 희생을 통해 미인으로 거듭나는 미인사관학교가 존재한다. 라 낀따(La Quinta)라고 불리는 곳이다.

라 낀따는 미스 베네수엘라의 스폰서인 '시스네로스 그룹'의 지원을 받아 대회 주최 측이 운영하는 미인 아카데미다. 이곳이 유명한 이유는 미인 대회 입상자들을 많이 배출해서만이 아니라, 들어가기도 힘들 뿐더러 버티는 것도 그 이상으로 힘들기 때문이다.

라 낀따는 이미 어느 정도 자신을 증명해낸 자들에게만 지원할 기회를 준다. 라 낀따 이전에 수없이 많은 모델 학교에서 선행 학습을 하고 일련의 테스트를 통과해야 한다. 우리나라로 치면 입시학원쯤 되는 그곳은 5~11세를 위한 어린이 코스, 12~17세 청소년 코스, 18~24세 프로페셔널 코스로 이루어진다. 연기, 안무, 이미지 메이킹, 스피치, 메이크업, 에티켓 등 세부 과목은 검증된 강사들이 철저히 지도한다. 최소 5살부터 시작해서 25살에 라 낀따에 지원할 수 있으니 최대로 잡으면 20년 동안 미인이 되는 법을 수련하는 셈이다. 오랫동안 전문적인 미인 교육을 이수한 이들에겐 1년에 한 번씩 큼직한 기회가 주어진다.

매년 3월에는 17세부터 25세까지 여성 수천 명이 라 낀따에 지원하는데, 최종 28명만이 생도로서 라 낀따의 본 프로그램에 참여한다. 그렇게 뽑힌 행운아들은 자발적으로 '지옥의 1년'을 견뎌내어야 한다. 교육은 오전 8시부터 시작해서 오후 10시에 끝난다. 모국어 수준으로 영어를 능숙하게 말할 때까지 수없이 발음을 교정하고, 1년간 수백 킬로미터에 달하는 워킹을 반복한다. 먹을 것도 마음대로 먹을 수 없다. 아침은 삶은 달걀의 흰자 3개, 점심은 닭고기 한 조각과 약간의 야채, 저녁은 200g 정도의 통조림 참치를 먹는다. 그 외에는 물조차 허락 없이 마실 수 없다. 몰래 음식을 먹다가 걸리기라도 한다면 즉시 퇴교 조치를 당한다.

그뿐 아니라 타고난 외형에 대한 교정도 이루어진다. 성형 수술은 당연히 거쳐야 하는 과정이다. 자신이 지닌 약점을 고치기 위해서는 수술도 마다하지 않는 것이다. 모든 것은 미인 대회 기준에 철저히 맞춰져 있고 거기에서 어긋나는 것은 모두 부정한다.

1996년 미스 유니버스인 알리시아 마차도는 인터뷰에서 이렇게 밝힌 적이 있다.

"캠프를 나온 뒤 아버지께 인사를 하니 누구냐고 물었어요. 처음에는 몰라보다가 자세히 보시더니 저인 줄 알고 포옹을 하시더군요."

미는 목적이 아닌 삶을 주체적으로 살아가는 수단
많은 이들이 라 낀따의 성과에 감탄하면서도 우려한다.

"너무 비인간적인 성의 상품화가 아닐까요?"

얼마든지 공감하는 문제 제기다. 미인 대회 입상만을 목표로 미의 균일화, 수치화가 극단적으로 공공연하게 이루어지고 있기 때문이다. 그러나 우리가 주목해야 할 점은 베네수엘라 여성들이 추구하는 미는 최종적인 목적이 아니라 수단이라는 것이다.

빈곤 속에서 치열한 경쟁을 뚫고 미인 대회에 입상한 베네수엘라의 여성들은 부자에게 시집을 가겠다든가, 상금으로 편안한 여생을 누리겠다는 생각을 하지 않는다. 그러기에는 그들이 견뎌낸 것들의 무게, 포기한 청춘이 너무 아깝기 때문이다.

입상자들이 원하는 것은 아름다워지는 것, 그리고 그것을 세계에서 인정받는 것에 멈추지 않는다. 미인 대회는 앞날이 보이지 않던 암울한 환경에서 스스로 일궈나갈 수 있는 삶을 획득하는 수단일 뿐이다. 많은 입상자들이 방송 활동을 하거나 기업 활동을 하고, 그동안 하지 못했던 공부를 마치고 학계에 뛰어들기도 한다. 그중 가장 주목할 만한 여성은 1981년 미스 유니버스에서 왕관을 쓴 이레네 사에즈(Irene Saez)이다.

이레네 사에즈는 배우나 모델로서 길을 가는 대신 베네수엘라 중앙대학에서 정치학을 공부하는 특이한 행보로 주목을 받았다. 그녀가 생각한 것은 베네수엘라의 비참한 현실 그 자체였다. 그녀는 같이 경쟁했던 동료들을 외면한 채 혼자만 호사를 누릴 만큼 뻔뻔하지 못했다. 주로 자신이 겪었던 부조리와 가난을 어떻게 바로잡을 수 있을지 고민했다. 학업을 마친 그녀는 32살이던 1992년 자신의 이름을 딴 이레네당을 창당하고, 차카오의 시장에 당선되는 쾌거를 이루었다. 이후 살아오는 동안 해왔던 고민, 그리고 열심히 공부하면서 찾았던 대안을 현실 정치에 실현해냄으로써 1996년에는 96%의 지지율로 재선에 성공했다. 1998년 12월에는 대선에 출마할 정도로 그녀의 도전은 헛되지 않았다. 비록 대선에서는 떨어졌지만, 누에바 에스파르타 주지사 선거에 나가 71% 지지율로 승리를 거두는 등 정치생명을 이어나갔다.

약 10년에 걸친 정치 행보는 많은 이들에게 교훈을 남겨주었다. 많은 베네수엘라 주민들에게 삶을 스스로 쟁취해나갈 수 있다는 롤모델이 되었으며 진정한 아름다움은 외모뿐 아니라 삶으로 이뤄낼 수 있다는 것을 알려주었다.

베네수엘라의 미인상은 틀에 박히고 정형화된 억압적인 것일 수도 있다. 그러나 그런 외모를 추구하더라도 삶은 어쩌면 다른 사람들보다도 훨씬 더 진정성이 있고 다양하다고 할 수 있지 않을까? 미의 획일화와 성의 상품화에는 반대하면서도 '미를 통한 목적'에 대해서는 틀에 박혀 있는 우리들에게 베네수엘라는 여러 모로 생각할 거리를 보여준다.

PART 02

최상의 나를 만들어줄
성형 솔루션을 찾아라

신체 어느 부위든 가장 매력적인 부분이 있기 마련이다. 그 부분을 중심으로
부족하거나 어긋난 곳을 교정하여 조화롭게 만드는 것이 성형 수술이다. 다시 말해
성형 수술은 매력을 '만들어주는' 것이 아니라 매력을 '살려주는' 것이다.

나에게 가장 맞는
솔루션을 찾아라

나에게 가장 어울리는 성형 수술 계획을 세워라

"같은 옷, 다른 느낌"

최근 들어 인터넷에서 자주 볼 수 있는 기사 제목이다. 똑같은 옷을 입었는데도 누가 입었느냐에 따라 느낌이 얼마나 다른지 비교하는 글이 여기저기 등장하곤 한다. 같은 옷을 입었는데도 각자의 개성에 따라 다른 매력을 뿜어내어 둘 다 부러움을 자아내는 경우도 있지만, 잘 소화하지 못해서 굴욕을 당하는 경우도 상당히 많다.

연예계뿐 아니라 일상에서도 이런 사례는 많다. 같은 헤어 스타일을 해도 세련되어 보이는 사람과 촌스러워 보이는 사람이 있다. 똑같은 원피스를 입어도 날씬해 보이는 사람이 있고 그저 그런 사람도 있다. 어울릴 것 같아서 한 머리가 막상 하고 나니 어색해서 후회하는 경우, 옷이 진열되었을 때는 예뻐 보였지만 막상 집에 들어와 입어보니 완전히 달리 보이는 경우가 부지기수다. 그럴 때 다들 한번쯤 생각한다. 연예인들에게 괜히 코디네이터가 붙어있는 것이 아니라고.

성형 역시 마찬가지다. 김태희의 눈, 한가인의 코, 안젤리나 졸리의 입술이 부럽지만 막상 내 얼굴에 붙인다면? 어울리는 사람도 있겠지만 그렇지 않은 사람도 많을 것이다. 아름다운 얼굴이란 아름다운 부위들을 합칠 때가 아니라, 적절한 조화를 이룰 때 만들어진다. 아무리 이목구비

가 예쁘더라도 서로 어울리지 않고 따로 논다면 어울리지 않는 옷을 입었을 때만큼이나 흉해 보인다.

쌍꺼풀만 있으면 예쁠 것 같고, 턱을 조금만 깎아내면 미인이 될 것 같은 생각은 안타깝게도 대부분 환상일 때가 많다. 아름다움이란 조화와 균형으로 이루어지지, 수학처럼 무엇을 추가하는 것만으로 얻어지는 것이 아니다. 사람의 얼굴마다 어울리는 이목구비도 다른 법이다. 영화 〈페이스 오프〉처럼 전혀 다른 사람의 얼굴이 되는 것은 불가능하고, 바람직하지도 않다.

수술 솜씨가 얼마나 있느냐보다 어떤 수술을 고르느냐가 결과에 미치는 영향이 크다. 어느 정도 경험을 쌓은 의사라면 수술 솜씨는 평준화가 되어 있어 크게 차이가 없다. 수술 솜씨보다는 각자의 외모에 가장 어울리는 수술 계획을 세우는 것이 더 중요하다. 각자의 개성과 매력에 따라 어느 부분을 살리고 보강하느냐가 수술 결과의 대부분을 결정한다.

최고의 솔루션 선택을 위한 조건

'어떤 얼굴이 가장 잘 어울릴지 결정'하는 것은 쉽지 않다. 자신에게 어울리는 옷을 입는 것도 힘든데, 하물며 자신의 외모와 잘 어울리는 성형을 하는 것이란 쉽지 않을 수밖에 없다.

성형은 혼자서 결정하는 것이 아니다. 패션 코디네이터가 있듯 성형외과에도 상담 실장과 의사라는 코디네이터가 있다. 의뢰인과 상담 실장 그리고 의사가 호흡을 잘 맞춰야 서로 만족하는 수술을 할 수 있다. 어떻게 해야 이 셋이 호흡을 잘 맞추고 수술 결과도 좋을지 방법을 소개해보겠다.

첫째, 손품과 발품을 많이 팔아라.

많은 성형외과들이 적극적인 인터넷 활동으로 수술 정보 및 사전 지식을 알리고 있다. 성형 전후 사진과 후기도 얼마든지 찾을 수 있다. 이목구비 형태는 어떤 것이 있는지, 자신은 어느 유형에 해당하는지, 무슨 수술로 어떤 결과를 얻을 수 있는지 미리 알아놓는다면 구체적인 목표를 세워서 성형 수술을 받을 수 있다.

병원에 가서 직접 상담을 받아보는 것도 좋은 방법이다. 현재 대부분 성형외과가 무료로 상담하고 있다. 아무리 인터넷에서 정보를 찾아본다 하더라도 전문가의 지식과 판단과는 다를 수 있으므로 꼭 병원을 들르기 바란다. 최근에는 성형외과 상담 실장을 '코디네이터'라고 부르는데, 수년간 쌓은 경험과 지식으로 의상 코디네이터처럼 적합한 얼굴 디자인을 정해주기 때문이다.

자신이 원하는 수술과 결과적으로 예뻐지는 수술은 일치하지 않을 수 있으므로, 손품과 발품을 많이 팔수록 좋다. 전문가의 충고와 상담으로 성형의 방향성을 잘 잡을수록 수술의 만족도는 높아질 것이다.

둘째, 실력 있고 양심적인 병원을 찾아라.

흔히 '성형의 거리'라 불리는 서울 압구정 일대는 약 1,800명의 성형외과 개업의들이 있다. 대한의사협회의 통계에 따르면 그중 1,000명은 경력이 10년 미만이다. 물론 전문의 자격증을 딴 것만으로도 어느 정도 수술 테크닉은 다들 갖추고 있다. 그러나 성형에서 중요한 것은 수술 테크닉 이전에 사람을 보는 '선구안'이다.

일반인들은 자신의 몸이니까 아무래도 객관성이 떨어지고 주관적인 판단을 할 수밖에 없다. 그러므로 의사가 오랜 경험과 지식으로 정확한 판단을 내려야 하는데 경력이 길지 않으면 안목이 떨어진다. 성형 수술 후 티가 나고 부자연스러운 것은 수술 이전 잘못된 판단이 원인이라고 많은 성형외과 의사들이 이야기한다. 안정적인 수술 결과를 낼 만큼 경력도 되고 실력이 입증된 의사가 있는 병원을 찾는 것이 무엇보다 중요하다.

가능하면 대형 병원을 선택하기 바란다. 규모가 크고 유명한 병원일수록 무리하게 환자를 받을 필요가 없으므로 수술을 쉽게 권하지 않는다. 사람들이 잘 아는 대형 병원일수록 수술을 권하기보다 만류하는 경우가 많다. 가령 큰 병원은 하루 상담자가 100명이라고 치자. 그중에서 20명만 수술해도 병원 운영에는 큰 어려움이 없을 것이다. 그러나 작은 병원은 찾는 이가 적어서 어떻게라도 상담자를 수술로 연결하려고 한다. 작은 병원에 갈수록 자연스럽지 않은 수술, 무리한 수술을 받을 가능성이 커지는 것이다.

물론 큰 병원이라고해서 다 좋은 것은 아니다. 병원마다 전문 분야가 다르고 수술 스타일도 다르기 때문이다. 가능한 한 큰 병원을 선택하되 병원에 대해서도 철저한 조사를 마치고 수술을 결심하는 것이 좋다.

셋째, 외모의 장단점을 파악하라.

"의사 선생님, 전 무슨 수술을 해야 할까요?" 라고 묻는 사람들이 의외로 많다. 막연하게 예뻐지고 싶다는 희망만 가진 채 잘못된 얼굴 부위를 묻는 것이다. 이 경우 보통은 다음과 같이 대답한다.

"성형 수술 중에 해야 하는 수술이란 하나도 없습니다."

신체 어느 부위든 가장 매력적인 부분이 있기 마련이다. 그곳을 중심으로 부족하거나 어긋난 부분을 교정하여 조화롭게 만드는 것이 성형 수술이다. 다시 말해 성형 수술은 매력을 '만들어주는' 것이 아니라 매력을 '살려주는' 것이다. 자신의 외모에 부족한 점이 무엇인지를 아는 이는 그만큼 성형 수술 후 만족도가 높다.

요즘은 자신의 개성은 무시하고 너도나도 연예인 누구처럼 고쳐달라고 해서 비슷한 얼굴이 넘쳐난다. 물론 수술에 대한 만족도도 높지 않다. 성형 수술은 누군가를 닮으려는 것이 아니라 자기 외모의 장단점을 아는 것에서 시작해야 한다. 무엇을 고쳐야 할지조차 모르는 사람이 성형 수술을 한다는 자체가 잘못된 선택의 원인이 된다.

성형 부작용과
중독을 피하라

무리한 수술이 부작용을 부른다

성형을 결심할 때 결코 가볍게 넘기지 말아야 할 것이 있다. 바로 성형 부작용과 중독이다. 성형 부작용은 성형외과 전문의들이 많이 배출되기 전에 이른바 '야매'라고 불리는 비전문가들이 체계적 교육 없이 시술함으로써 생겨났다. 현재는 항생제도 많이 발달했고 개업 전문의 외의 아마추어들에게 불법 시술을 받는 경우가 많지 않아서 부작용이 많이 줄어들었다.

그러나 기억해야 할 것은 모든 수술은 실패할 수 있고 어느 정도 부작용이 일어날 수 있다는 것이다. 예기치 못한 수술 실패나 부작용은 언제나 일어난다. 한국소비자보호원에 따르면 성형 시술 피해 구제 신청 건수는 2004년 38건, 2005년 52건, 2006년 71건으로 매년 증가하고 있다. 성형 시술 피해 구제의 이유는 전체 161건 가운데 부작용이 93건(57.8%)

으로 가장 많았고, 효과 미흡 39건(24.2%), 불만족 16건(8.1%) 등의 순이었다. 매년 시술 횟수가 늘어남에 따라 부작용도 점점 늘어나고 있다. 부작용이 일어날 확률이 작다 하더라도 그중에 자신이 포함되지 않을 것이라고 100% 장담할 수는 없다.

부작용은 의사의 부주의, 환자의 특이 체질 혹은 예기치 못한 사고에 의해 생긴다. 또한 수술을 여러 번 거듭할수록 일어날 확률이 점점 높아진다. 쌍꺼풀 수술을 했는데 풀리거나 코를 높였는데 휘는 정도라면 재수술로 해결할 수 있지만 부작용이 클 경우 수술은 목숨을 잃을 수도 있다. 건강과 목숨을 담보로 해야 하는 것인 만큼 신중하게 수술을 결정해야 한다.

현재 많은 전문의들이 활동하고 있지만 아직도 단기간 수련받은 일반의들도 성형 수술을 하고 있다. 물론 그들도 어느 정도 경험이 쌓이고 센스가 있다면 웬만한 전문의들보다 좋은 결과를 내기도 한다. 그러나 비전문의들에게 성형 수술을 받는 것은 위험 부담이 크다.

자신의 몸인 만큼 신중하게 수술을 결정해야 하며, 수술을 하기로 마음먹었으면 병원과 의사에 대해 충분히 알아보아야 한다.

이외에도 부작용이 생기는 것은 환자들의 욕심 때문이다. 눈가 주름을 없애기 위한 수술을 받을 때 욕심을 내서 피부를 너무 많이 잘라내면 눈꺼풀이 뒤집힌다. 코가 낮고 피부가 얇은데도 욕심을 내서 무리하게 코를 높일 경우 보형물이 비치고, 심한 경우 보형물이 튀어나오기도 한다. 물론 소양과 직업 윤리가 있는 의사라면 애초에 그렇게 위험한 수술은 거절하겠지만, 환자의 고집이 강한 경우 이루어지기도 한다는 점이 문제다. 절대로 의사가 반대하는 무리한 수술은 하지 말아야 한다.

의사와 환자 모두 욕심 내지 않고 수술을 잘했지만 부작용이 생기는 경우도 있다. 가장 흔한 것으로는 염증 그리고 피막 구축과 구형 구축을 들 수 있다. 인공 보형물을 사용하는 경우 생체 조직이 아니기에 우리 몸은 막을 형성하게 되는데, 이때 인체에서 거부 반응을 일으켜 염증이 생기도 하고 심하게 딱딱해지기도 한다. 보형물들이 예전에 비해 안전하다고는 하나 위험이 늘 도사리고 있기 때문에 효과와 안정성 중 하나를 선택해야 한다면 안정성을 선택하는 것이 좋다.

성형 중독, 참을 수 없는 유혹

어쩌면 성형 중독 역시 성형 수술의 부작용이라고 볼 수 있다. 성형 수술을 받기 전부터 중독의 낌새가 보이는 사람은 있으나 한 번도 해보지 않고 중독된 사람은 없다. 성형 중독에 대해 한 성형외과 상담 실장은 다음과 같이 말했다.

> "성형은 범죄와 같습니다. 초범을 하기가 어렵지, 초범을 하면 재범을 하게 되고 그러다 보면 상습범이 되기 쉬워요. 성형외과도 한 번 발이 닿으면 계속 오게 됩니다. 어느 선에서 끊어야 하는데 그렇지 못하면 중독이 되지요. 말려도 말려도 자꾸 하게 되는 거죠."

상담 실장들과 성형외과 전문의들은 보통 성형 중독으로 보는 수준을 '수술 4회 이상'이라고 말한다. 횟수가 네 번을 넘어가면 그때부터는 강력하게 수술을 말린다. 한 번 성형 중독에 빠진 사람은 아무리 말려도 수술을 멈추지 않는다. 다니던 성형외과에서 수술을 거부하면 다른 성형외과를 찾아가서라도 기어코 수술을 받고 만다.

예전에 TV 프로그램에 나왔던 선풍기 아줌마 정도의 극단적인 경우만을 성형 중독이라 생각하며 자신은 그렇게까지 되지 않을 거라고 믿는다면 오산이다. 한 성형 전문 포털 사이트에 따르면 성형 수술을 받은 여성 10명 가운데 7명이 2차 수술을 생각 중이거나, 일주일에 세 시간 이상 관련 정보를 수집하는 등 성형 중독 증상을 보이는 것으로 집계되었다.

전문가들은 처음으로 성형 수술을 받으려고 하는 사람들에게 자신을 되돌아보라고 권유하곤 한다. 연인과 헤어지거나 남편과 이혼한 경우, 혹은 일자리를 잃거나 현재 상황에서 도피하고 싶은 심리일 때 성형 수술을 하고 나면 중독될 가능성이 상당히 높기 때문이다.

성형 중독 증세를 가장 많이 보이는 대상은 30대 후반에서 40대 초반 여성들이다. 세월의 무상함을 수술로 붙잡으려는 심리가 강해서다. 성형 중독을 피하려면 성형이 모든 것을 해결하는 만병통치약이라는 생각을

내 들창코가
미워서
헤어진다니!

버려야 한다. 성형은 육체의 불균형이나 결함을 한정된 틀 안에서 교정하는 불완전한 기법일 뿐이다. 성형이 모든 것을 해결해주고 젊음을 영원히 지속하거나 최고 미녀로 만들어 줄 것이란 환상을 품는다면 애초에 성형 수술에 발을 들이지 않는 것이 좋다.

성형을 결심하는
순간부터 회복기까지 할 일

A양에게는 고민이 하나 있다. 학창 시절 열심히 공부해서 무난하게 대학에 진학했고, 대학생활도 열심히 해서 바늘구멍 같은 취업 경쟁에서도 승리했다. 직장에서는 말끔한 일 처리로 칭찬받고, 인간관계 역시 잘 유지하고 있다. 거의 모든 것을 갖춘 그녀에게 한 가지 모자란 것이 있으니 바로 외모다. 그녀는 사각턱 때문에 억세 보인다는 얘기를 많이 들었고 어릴 적부터 놀림의 대상이 되었다. 성인이 된 지금도 다르지 않다.

"아, 네모네! 사각턱!"
"박경림 닮았네!"

가끔씩 뒤에서 자신의 턱에 대해 이야기하는 것을 듣는 것은 스트레스였다. A양 생각에는 외모 때문에 놀림의 수준이 아닌 차별을 당하고

한 번 쯤
성형을 고민한
당신에게

있는 것만 같았다. 얼굴이 연예인 뺨치는 같은 부서의 B양은 조금만 힘들다고 해도 사람들이 도와주고, 실수를 해도 너무나 쉽게 용서를 받는 것 같았다. A양은 도움을 받아본 기억도 별로 없고, 실수라도 하면 호된 질책만 받을 뿐이었다.

"정말 속상해. 얘들아, 세상은 외모가 전부인가 봐."
"성형 수술이라도 받아. 턱만 깎으면 정말 예뻐질 텐데."

친구들과 이야기를 하던 중 성형 수술에 관해 관심이 생겼다. A양은 거울을 바라보며 생각했다.

'성형 수술을 하고 예뻐졌다는 이야기도 많지만, 잘못해서 티도 나고 오히려 못하다는 이야기도 있는데, 과연 수술을 받는다고 예뻐질 수 있을까? 수술이 아프지는 않을까? 얼굴이 달라지면 사람들이 뭐라고 할까?'

A양은 인터넷으로 성형 관련 정보를 검색하기 시작했다. 블로그부터 카페에 이르기까지 수없이 많은 정보가 있었다. 턱 수술은 그냥 깎아내는 방법만 있는 줄 알았는데 한두 가지가 아니었다. 시간 가는 줄 모르고 인터넷을 뒤지던 A양은 직접 성형외과를 방문해서 상담받기로 했다.

가장 유명하다는 병원 세 곳을 정했다. 상담 실장은 긴장한 A양을 친절하고도 편안하게 대해줬다. 수술의 장단점, 회복 기간 등에 대해 상세하게 설명을 듣다 보니 인터넷으로 정보를 구할 때와는 다른 느낌이었다.

"인터넷으로 얻은 정보와는 많이 다르네요."
"그럼요. 사람마다 얼굴 특색이 다르고 목표도 다르잖아요. 직접 상담을 해보시면 정확하게 알 수 있어요."

세 곳에서 상담을 받은 A양은 그중에서 가장 신뢰가 가고 느낌이 좋았던 병원에서 수술을 받기로 결심했다. CT 촬영을 하고 수술하게 될 의사와도 상담했다. 의학적인 측면을 상담 실장보다 더 자세히 설명해준 덕분에 신뢰가 더 생겼다. 비용을 들은 A양은 적금을 들기로 했다. 수술 날짜는 적금이 만기된 이후에 전화로 다시 잡기로 했다.

드디어 적금을 찾는 날이 왔다. 전화로 스케줄을 문의했더니 일주일 뒤부터 수술이 가능하다고 했다.

"큰 병원은 몇 달씩 기다려야 한다고 들었는데 생각보다 빠르네요?"
"네, 여름과 겨울은 방학이 있어서 수술 날짜 잡기가 쉽지 않지만, 봄과 가을은 비수기라서요."

수술 날짜를 협의한 A양은 병원에 예약금을 송금했다.

"예약금이 뭐지요?
"만약 환자분이 날짜를 잡았는데 수술을 포기하면 그 시간에 의사 선생님이 다른 수술을 못 하게 되잖아요? 그 경우 받는 거예요. 계약금과 비슷한 개념이지요."

날짜를 잡은 A양은 휴가를 신청했다. 열흘 정도라면 어느 정도 회복기를 보내고 출근할 수 있을 것 같았다. 사유를 어떻게 이야기할까 생각하다가 어차피 얼굴이 달라지면 알게 될 것이므로 당당하게 말했다.

"무슨 일로 시즌도 아닌데 길게 휴가를 내세요?"

"네, 성형 수술 받으려고요."

"오, 그래요? 잘 됐으면 좋겠네요."

생각밖에 부장님은 응원해주었다. 성형에 대한 인식이 많이 달라졌다는 생각이 들었다. 이제 남은 것은 수술뿐이다.

다시금 병원을 방문하여 수술 전 유의사항에 대해 들었다. 수술 일주일 전부터 아스피린이나 비타민 E 등을 삼갈 것, 수술 전날엔 음주 및 흡연을 삼갈 것, 밤 12시부터 금식할 것, 깨끗하게 샤워할 것, 당일에는 화장하지 말 것 등.

설명을 들으니 정말 수술을 한다는 실감이 들었다. 기대도 되지만 괜히 수술을 결심했나 염려하는 마음을 알아차렸는지 상담 실장은 A양의 손을 잡아주며 말했다.

"다들 수술 전에는 긴장하고 그래요. 마음 편하게 가지세요. 예쁘게 잘 될 거예요."

수술 당일. 집으로 데려가줄 친구와 함께 병원에 도착한 후 수술대 위에 오른 A양. 마취를 하고 눈을 감았다 뜨니 수술이 끝나 있었다. 시계를 보니 약 두 시간 가량이 지났다. 생각보다 빨랐다. 마취가 덜 깨서인지 통증도 딱히 느껴지지 않았다.

거울을 보아도 사실 큰 감흥이 없었다. 회복 기간이 지난 후 예뻐질 모습을 상상하기가 쉽지 않았다. 곧바로 퇴원해서 집으로 왔는데 계속해서 거울을 들여다보게 되었다.

'과연 잘된 걸까? 부기가 안 빠지면 어떻게 하지?'

아무래도 염려를 떨쳐버릴 수가 없다. 불안한 마음에 상담 실장에게 전화해서 울기까지 했다.

"어떻게 해요. 이미 수술했는데 이상해지면 어떻게 하죠? 밖에도 못나 가겠고 아프고 너무 힘들어요."

"너무 불안해하지 마세요. 수술은 잘됐어요. 부기도 생각보다 빨리 빠 져요. 너무 집에만 있지 말고 스카프 같은 것을 두르고 밖에도 나가 고 하세요. 많이 움직여야 회복도 빨라요. 수술 전에도 회복 기간에 대해 설명 드렸잖아요? 그래도 막상 수술이 끝나면 불안해들 하시곤 해요. 걱정되거나 궁금한 게 있으면 언제든지 전화하세요. 혼자 있지 말고 친구나 가족들과 같이 계시고요."

A양은 상담 실장의 말대로 스카프로 턱 부위를 가리고 집 앞 공원에 나가보았다. 집 밖에 나갈 때는 사람들이 쳐다보면서 수근댈까 겁이 났 지만 막상 나오니 아무도 관심을 가지지 않았다. 피식하고 웃음이 나왔 다. 공원을 걸으며 맑은 공기를 마시니 기분도 안정됐다. 이틀 동안 두유 등으로 끼니를 대신하다가 사흘째 되는 날부터 밥을 먹기 시작했다. 턱 이 조금 뻐근한 느낌이 들었지만 잘 먹어야 빨리 회복될 것이라는 신념 으로 열심히 씹었다. 씹다 보니 적응이 돼서 그다지 불편한 것 같지도 않 았다. 입 안을 절개해서 수술했기 때문에 수시로 가글을 해서 염증이 생

기지 않도록 했다.

회복 기간 동안 계속 거울을 들여다보면 좋지 않다고 해서 가능하면 그러지 않으려 했지만, 그래도 거울을 확인하게 되는 것은 어쩔 수 없었다. 일주일 가량 지나자 부기가 거의 사라졌다. 2주째에는 실밥을 뽑으러 갔다.

"일상생활을 잘하신 모양이네요. 회복 경과가 아주 좋습니다."

실밥을 뽑은 후 거울을 자세히 들여다보았다. 수술 전과 수술 직후 부기가 있는 동안과는 너무도 다른 얼굴. 낯설기도 했지만 흡족했다.

갑자기 욕심이 들었다. 눈도 코도 조금 손보면 예뻐지지 않을까? A양은 상담 실장에게 전화를 걸었다.

"이곳저곳 수술을 하다 보면 중독이 될 수도 있어요. 지금 충분히 예쁘니까 더 이상 손대지 않아도 되요."

일리가 있는 말이었다. 더 욕심을 부리다보면 아무리 수술해도 만족하지 못할 것 같았다.

'놀림을 받고 맘에 안 들었던 건 턱뿐이지 않았던가.'

휴가가 끝나고 회사에 복귀한 A양. 사람들의 시선이 모아졌다. '수술이 정말 잘됐다, 완전 다른 사람 같다'는 반응이 돌아왔다. 예뻐졌다고 생각했지만 그런 말을 들으니 더욱 기뻤다.

수술 하나로 A양이 흠 잡을 데 하나 없이 세상에서 가장 예쁜 여자가
된 것은 아니다. 그러나 자신의 발목을 잡던 콤플렉스를 버리고 당당해
진 것만으로도 가치가 있다. 어쩌면 수술로 달라진 것은 외모보다도 자
신감 넘치는 마음이 아닐까?

성형 수술을 위한 **체크! 체크!**

1. 성형을 결심하기 전 체크!

- 최대한 정보를 많이 얻도록 한다. 단, 인터넷에는 검증되지 않은 정보가 많다는 것을 감안해야 한다.
- 대형 병원 두세 곳을 방문해서 상담받는다. 병원마다 특색이 있으므로 자신에게 가장 잘 맞는 병원을 찾는다.

2. 상담 과정 체크!

- 접수 및 기초 정보 기입
- 상담 실장 예진
- 의사 진료 및 전문 상담
- 상담 실장과 비용 상담 및 스케줄 조정

3. 스케줄 및 수술 준비 체크!

- 수술을 결심했다면 수술 일정에 맞춰 회복 기간을 비워둔다. 대부분 수술은 2, 3일만 지나도 일상생활이 가능하지만, 충분히 회복되고 자연스러워진 후에 다시 활동하는 것이 좋으므로 회복 기간을 넉넉히 비워두는 것이 좋다.
- 수술 전 유의사항을 잘 따른다. 음주와 흡연을 삼가고, 아스피린, 피임약, 한약재, 비타민 E 등은 일주일 전부터 삼간다.
- 전신마취를 하는 수술은 전날 밤 12시부터 금식한다.

4. 수술 당일 체크!

- 깨끗이 씻고 화장은 삼간다.
- 성형 후 테이프를 붙이거나 보호대를 착용할 수 있으므로 모자나 스카프를 준비한다.
- 옷은 최대한 편하고 넉넉하게 입는다.
- 수술 후 집에 데려줄 수 있는 가족이나 친구와 함께 병원에 간다.

5. 수술 후 회복 기간 체크!

- 최대한 움직여야 회복이 빠르므로 누워만 있기보다 외출도 하고 일상생활을 하는 것이 좋다.
- 수술 후 한동안은 염증이 생기지 않도록 연고를 잘 바르고 위생에 신경 써야 한다(턱 수술 후에는 수시로 가글을 한다).
- 자꾸 거울을 들여다보는 것은 정신건강에 좋지 않다. 회복 기간임을 인식하고 점점 부기가 빠지고 안정되어 가는 과정 자체를 즐기도록 한다.
- 부기가 오르는 3일간은 냉찜질을 하고, 그 후부터는 혈액순환을 돕는 온찜질을 한다.

성형 전 셀프 테스트

성형 수술을 하기 전 과연 나는 마음의 준비가 되었는지 체크하는 문항이다. 해당하는 문항에 체크해보자.

1. 내가 아닌 다른 사람이 되고 싶다고 생각한 적이 있다. ☐
2. 좌우 대칭이 아닌 턱이나 짝눈이 신경 쓰여 자꾸 거울을 보게 된다. ☐
3. 친구가 성형을 하면 나도 하고 싶어질 것 같다. ☐
4. 연예인의 눈이나 코를 똑같이 닮고 싶다. ☐
5. 성형을 하고 나면 모든 사람들이 나를 주목할 것 같다. ☐
6. 귀가 얇은 편이다. ☐
7. 어딜 어떻게 고칠지는 잘 모르겠지만 예뻐지고 싶다. ☐
8. 어차피 병원도 거기서 거기일 것 같으니 저렴한 가격으로 수술을 받고 싶다. ☐
9. 현재 취업을 하지 못한 상태거나 직장 혹은 학교에서 스트레스를 받는 중이다. ☐
10. 한 번 성형 수술을 받고 예뻐지면 다른 부위도 고치고 싶을 것 같다. ☐
11. 수술 후 한 달이 지나도 자연스럽지 않다면 수술이 잘못되었다고 생각한다. ☐
12. 최근에 이혼을 했거나 실연을 당했다. ☐
13. 인터넷에서 성형 전후 사진을 보고 성형 충동을 느꼈다. ☐
14. 친구보다 내가 더 예뻐졌으면 좋겠다고 늘 생각한다. ☐
15. 내가 지금 연애를 하지 못하는 것은 전적으로 외모 때문이다. ☐

16. 성형은 하고 싶지만 정보를 찾는 것이 귀찮다. 그냥 유명한 병원에서 수술받고
    싶다. ☐

17. 개성이 있다는 표현은 못생겼다는 것을 우회적으로 표현한 것이다. ☐

18. 상담 실장이나 의사가 권하는 수술보다는 내가 원하는 수술을 하고 싶다. ☐

19. 자연스럽게 티가 안 나는 것보다는 확실하게 변화를 주고 싶다. ☐

20. 수술 결과가 맘에 들지 않으면 재수술을 요구할 것이다. ☐

결과		
	15~20개	충동적으로 수술을 받으려 한다. 성형 후 후회를 하거나 중독될 가능성이 무척 높다. 성형 수술을 받는 것은 매우 위험하다.
	11~15개	위험한 정도는 아니지만. 어느 정도 강박관념이 있다. 콤플렉스를 해소하고 자신의 매력을 살리기 위해서가 아닌 '변신'을 하고 싶은 것은 아닌가 생각해야 한다.
	6~10개	어느 정도 성형에 대한 정보도 수집했고 마음의 준비도 했다. 수술 후에도 지금의 마음을 유지하기 바란다.
	5개 이하	성형 수술을 하기 위한 마음의 준비를 모두 마친 상태다

PART 03

의사들이 생각하는
성형이란

어찌 보면 성형은 외모보다도 외모에 따르는
정신적인 만족감을 조각하고 업그레이드하는 작업이다. 자신의 욕구를
충족시켜주고 스트레스 받는 부분을 개선해주니까 말이다.

성형외과 의사들은 일반인들에게 베일에 싸인 존재처럼 느껴진다. 수술 후에 엄청나게 예뻐진 모습으로 달라진 사람들을 보고 네티즌들이 경외심을 담아 성형외과 의사들을 부르는 말이 있다. '의느님'(의사+하느님)이다. 대체 무슨 마법을 부리기에 저런 변화가 가능하느냐는 감탄을 담은 호칭이다.

부정적인 시각도 있다. 그렇게 훌륭한 재주를 어째서 생명을 살리는 데 쓰지 않고 허영심이나 부추기는 돈벌이 수단으로 사용하느냐며 곱지 않은 시선을 보내는 것이다.

긍정적이건 부정적이건 성형외과 의사들에 대한 관심은 지대하다. 성형외과 의사들이 생각하는 성형은 어떠한지 말해 본다. 이 책의 공저자인 서일범 원장은 'Dr.서'로, 유상욱 원장은 'Dr.유'로 표기한다.

성형외과
의사들의 성형 철학

● **성형을 정의한다면?**

Dr. 서 성형의 정의는 사전적으로는 말 그대로 형상을 바꾸는 것이지만, 단
순히 형상만 바꾸는 것이 아니다. 새로운 이미지로 또 다른 무엇인
가를 얻을 수 있는 연결 고리 속에서 인생에 도움을 주는 것이다.
예를 들면, 가슴이 빈약해서 목욕탕에서 옷을 벗는 것이 신경 쓰이
던 여성이 가슴 확대 수술을 하고 나서 당당하게 상의를 벗을 수 있
고 자신감을 얻는 사례가 있다. 어찌 보면 성형은 외모보다도 외모
에 따르는 정신적인 만족감을 조각하고 업그레이드하는 작업이다.

Dr. 유 성형 수술 중에 꼭 해야 하는 수술이란 하나도 없다. 자신의 욕구를
충족하고 스트레스 받는 부분을 개선하기 위해 하는 것이니까 말이
다. 그릇된 생각이나 허황된 망상을 가지고 있으면 그것을 바로잡아

주는 것도 성형외과 의사가 해야 할 역할이다.

● **미적 감각을 기르기 위해 노력하는 것이 있다면?**

Dr. 서 꾸준히 그림을 그리거나, 크로키나 데생을 배우는 성형외과 의사들이 꽤 많다. 연예인 사진을 보면서 분석도 많이 한다. 아름다운 외모를 눈에 익혀야 수술 때 라인을 잘 만들 수 있기 때문이다. 일종의 이미지 트레이닝 같은 것이다.

Dr. 유 실력 있는 의사와 그렇지 않은 의사의 결정적인 차이는 환자를 선택하는 눈이다. 기술에 차이가 없다는 전제에서 본다면 경험이 많은 의사들은 결과가 잘 나올 사람들을 볼줄 아는 안목이 있다. 그렇지만 경험이 적은 의사들은 결과에 대해 예측하는 것이 어렵다. 그 결과 수술 후에 생각했던 얼굴이 안 나올 때가 많다. 결과적으로 사람들이 불만족하는 경우가 많이 생기는 것이다.
물론 개인적인 기술에도 차이가 있다. 1,800명 정도 되는 의사들의 능력이 다 같을 수는 없다. 다시 말하지만 가장 중요한 것은 사람들을 보는 눈이다. 오해를 막기 위해 부연 설명을 하자면, 수술을 해도 예뻐지지 않을 얼굴을 지닌 사람들이 있다. 가령, 한 부위를 건드리면 전체적인 조화가 무너져서 얼굴이 어색해지는 경우다. 굳이 수술을 하지 않아도 충분히 개성을 표출할 수 있는데, 개인적인 이유나 사회적인 시선 때문에 수술을 결심한 사람들은 수술을 하지 않는 편이 더 낫다.

● **성형외과 원장님들도 성형 수술을 받고 싶어 하나?**

Dr. 유 아직 별로 하고 싶지 않다. 내가 성형 수술을 받고 싶지 않은 이유는 외모에 관심이 있고 없고를 떠나서 나한테는 내 몸이 맞기 때문이다. 나는 내 인생에 만족하는 편이다. 환갑을 넘어서 40대처럼 보이고 싶어진다면 그때 가서 할지도 모르겠다. 하지만 젊어지고 싶다는 기본적인 욕구가 아니라면 하지 않을 것 같다.

● **만약 가족이 성형 수술을 받고 싶어 한다면?**

Dr. 서 본인이 원한다면 해줄 수 있다. 필요하다면 하라는 주의니까. 만약 내 자녀가 커서 어느 부위에 콤플렉스를 가졌거나 내가 보기에도 못 생겨서 안타깝다면 당연히 해줄 것이다. 사실 와이프는 오늘도 레이저 치료를 받으러 갔다.

나는 항상 농담 반, 진담 반으로 수술을 네 부위 이상은 하지 말라고 주위 사람들에게 얘기한다. 병원을 찾아온 사람들에게도 물론 그렇게 말한다. 외모를 의식하면 사실 끝이 없다.

Dr. 유 딸의 경우 본인이 원하고 수술을 해서 예뻐질 것 같다면 해줄 것이다. 아들이라면 본인 스스로 자존감을 높이라고 권유하고 싶다. 경험에 의하면 대체로 자신에게 불만족할수록 성형에 대한 욕구가 증가한다. 자존감을 높이는 것이 우선되어야 한다.

대한민국의
성형을 이야기한다

● 대한민국 성형외과가 세계 최고라는 말은 옳은가?

Dr. **서** 인정해도 좋을 것 같다. 나 역시 여러 가지 시술을 하고 끊임없이 연구도 하지만 학회에 가서 새로운 기술을 접하고 깜짝깜짝 놀랄 때가 많다. 신기술이 끝없이 나오고, 그 속도도 굉장히 빠르다. 기술이 나오는 속도만큼 전파되는 속도도 빠르다.

솔직히 말해서 신체 어느 부위를 줄이는 것은 쉽지만, 키우는 것은 어렵다. 사실 우리나라 시술은 주로 크게 하는 쪽으로 나아가고 있다. 눈을 키운다거나, 코를 높인다거나, 이마를 확대하는 식으로. 부위를 키우는 시술은 무엇인가를 추가해야 하는 경우가 많기 때문에 합병증이 생기거나 돌발적인 문제가 발생할 확률이 줄이는 시술보다 훨씬 높다. 그런데도 통계적으로 볼 때 서양에서 하는 줄이는 위주의 수술에 비해 우리나라에서 하는 높이는 수술의 안정성이 뒤지지 않는다.

가슴 확대 수술만 해도 서양인들은 체형 조건상 수월하지만, 우리나라 사람들은 이것저것 고민해서 맞춰나가야 하는 어려운 점이 많다. 게다가 우리나라 사람들은 까다로운 편이다. 선택권이 주어진 경우 자기 주장이 강하고, 기준치 역시 높다. 그런 요구를 충족하기 위해 노력하다 보니 성형 기술이 발전할 수밖에 없다. 수술 마인드 또한 우리나라 사람들이 다른 나라에 비해 긍정적이다.

특히 중국 사람들이 재수술하러 온 경우 황당한 일을 많이 만나게 된다. 이상한 석고가 코에 들어 있다든지, 메이커도 없고 볼륨감도 없는 이상한 실리콘이 가슴에 들어 있는 경우도 있다. 중국 사람들을 재수술할 때는 특별히 더 신경 써야 한다는 말이 나올 정도. 중국은 사람을 존중하지 않는다는 느낌을 피할 수 없다. 일본에도 이른바 야매라는 불법 시술이 있지만, 이 정도는 아니다.

우리나라 성형외과 전문의들은 정해진 대로 딱 검증된 시술을 환자 상황에 맞게 선택해서 한다. 일종의 시스템 같은 것이 있고, 규격화된 '안전선'이라는 것도 있다.

Dr. 유 성형외과 전문의를 따면 공부를 하지 않아도 될줄 알았다. 그런데 아니다. 내가 속한 성형외과 의사들의 모임에서는 한 달에 한 번 세미나를 한다. 보통 토요일 아침 8시에 시작하는데 그 시각에 100명이 넘는 숫자가 모인다. 50, 60대 의사 선생님들부터 젊은 의사들까지 연령도 다양하다.

모든 의사들 중에서 제일 많이 공부하는 분야가 성형외과 같다. 끊임없이 나오는 최신 기술이나 이론을 받아들여야 생존할 수 있기 때문이다. 계속해서 성형 기법들도 발전하고 있다.

다들 달리고 있기 때문에 걷기만 하면 뒤처지게 되어 있다. 열심히 공부해도 앞서기는커녕 간신히 따라잡을 수 있을까 말까 할 정도로 경쟁이 치열하다. 그러니까 발전도 하는 것 같다.

다른 과 전문의들이 성형외과를 개원하는 현상이 늘고 있는데 어떻게 생각하는가?

Dr. 서   기본적인 개념이 다르다. 예를 들면, 타과 의사들도 수술 부위를 꿰매지만 처리 방법 자체가 다르다. 아내가 첫 아이를 낳을 때 제왕절개를 했는데 흉터가 너무 심하게 났다. 결국 둘째 때는 내가 분만실로 같이 들어가서 직접 봉합을 했다.

타과 의사들과 성형외과 의사들은 흉터에 대한 인식이 다르다. 치료 방법이나 시술법도 다를 수밖에 없다. 성형외과 의사들은 최대한 흉터가 남지 않도록 여러 해 동안 훈련을 받기에 분명 차이가 난다. 최대한 피부에 손상이 가지 않는 한도에서 치료해야 한다는 것을 대전제로 깔고 수술한다.

가령, 지방흡입술의 경우 단순히 지방을 뽑기만 하면 될 것 같지만, 피부 안이 어떻게 구성돼 있는지를 정확히 알고 시술해야만 합병증을 줄일 수 있다. 지방이라고 해서 무조건 다 뽑아버리면 합병증 발생률이 높아진다. 임상 경험을 통해 이러한 것을 알고 있느냐 하는 여부가 실력 차이로 드러난다.

성형외과 전문의가 아니라도 경험이 많고 감각이 뛰어나며 손재주가 좋다면 수술 결과가 크게 차이 나지 않을 수는 있다. 그러나 돌발 상황이 발생하면 해결 능력에 확실히 차이가 난다. 전문 교육을 받은 성형외과 의사는 예기치 못한 문제가 발생하더라도 원인을 파악할 수 있으므로 침착하게 환자와 상의하고 계획을 세워 해결한다. 하지만 성형외과 전공의 과정을 거치지 않은 의사들은 원인을 모르므로 당황하기 마련이다. 섣불리 건드렸다가 재수술을 해야 하거나 다른 병원으로 이송해야 하는 문제가 생기기도 한다. 어떤 수술이든 전문의에게 맡겨야 한다.

Dr. 유　성형외과 전문의가 아닌 의사가 성형 수술을 한다는 것은 말이 안 되는 소리다. 그것은 성형 전문의가 맹장 수술을 하는 것이나 다름 없다. 책을 펴놓고 하면 물론 할 수는 있겠지만, 상식적으로는 있을 수 없는 일이다.

물론 다른 분야에서 활동하다가 뒤늦게 성형외과에 눈을 떠서 활약하고 있는 의사들도 많다. 꼭 전문의한테 수술을 받아야 결과가 좋다는 말은 못 하겠다. 앞에서 말했듯이 환자 상태를 확인할 수 있는 안목을 얻기 위한 시간과 경험이 필요하다. 성형외과 전문의가 아닌 의사들에게는 그런 시간과 경험이 대체로 많이 부족하다. 수술 경험이 많고, 그 분야에 대해 더 잘 알고, 돌발 상황도 잘 대처한다면 수술이 더 잘 될 확률이 높아지지 않겠는가.

발품을 팔면 어느 수술은 어느 병원에서 많이 하는지 알 수 있다. 전문의인지 아닌지도 인터넷 검색 몇 번만 해보면 다 확인할 수 있고, 충분한 판단 자료도 확보할 수 있다. 그런데 그런 노력은 하지 않고, 친구가 수술한 것을 보니 잘 됐다며 자기도 수술하겠다고 하는 사람들이 의외로 많다. 성형을 원하는 사람들은 깐깐하거나 설렁설렁 넘어가는 양극단으로 나눠진다. 하지만 자기 몸과 관계된 것일수록 반드시 하나하나 꼼꼼하게 따져야 한다.

의사들이 보는
성형외과를 찾는 사람들

취업을 위해 성형 수술을 하는 사회적 분위기를 어떻게 생각하는가?

Dr. 서 사람의 외모가 능력과 본질을 가리는 것은 안타까운 현실이다. 현대
의 미적 기준이 여성의 신체를 억압하고 규격화한다며 비판의 목소
리가 높아지는 것도 사실이다. 그 비판의 목소리 이전에 우리 사회
의 고착화된 시선에 대한 반성과 변화가 없다면 개개인들은 현대의
미적 기준을 따라가는 방법을 찾으려 애쓰게 될 것이다.

취업을 위해 성형을 하는 사회. 그만큼 살기가 어려워졌다는 말이
다. 외모 때문에 피해를 보지 않고 경쟁력을 지닐 수 있다면, 그래서
자신감이 생기고 목적하는 것을 이룰 수 있다면 성형 수술은 긍정
적인 것이 된다.

그렇지만 무엇을 목적으로 하건 수술 후 태도가 중요하다. 수술을
계기로 목적을 이루었다고 해도 외모에 대한 집착이 생기는 경우가
있다. 지나치게 강박증을 보이는 사람들이 많지는 않지만, 그런 사

람들을 보면 가끔 내가 못할 짓을 하고 있는 건 아닌가 하는 씁쓸한 생각이 들 때도 있다.

Dr. 유 취업 성형은 면접 때 좀 더 긍정적인 효과를 얻기 위한 노력의 하나다. 가장 흔히 하는 것이 보톡스 주입이다. 얼굴을 좀 더 갸름하게 보이게 하고 온화하고 긍정적인 분위기를 보여주기 위한 시술들을 선호한다.

취업 성형은 주로 이미지를 바꿔주는 방향으로 이루어진다. 다크서

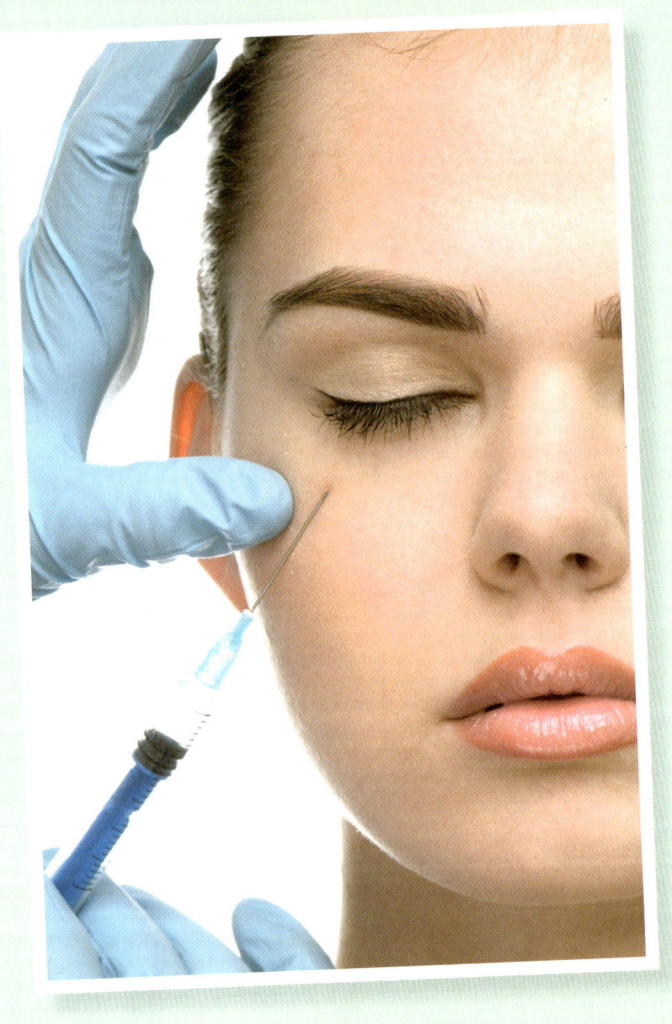

클이 너무 진해서 팬더처럼 보인다거나, 광대뼈가 너무 튀어나와서 억세게 보인다거나 하는 경우 수술을 고려한다. 이런 것들에 대한 교정이나 수술은 취업, 결혼 등 인생의 중대사를 앞두고 약점으로 지적되는 부분을 보완하는 것이기에 긍정적이다.

⚫ 성형 수술을 하지 말라고 하는 기준 같은 것이 있는가?

Dr. 서 심리적으로 불안한 사람들은 가급적 수술을 다시 생각해 보라고 한다. 심리적으로 불안하기 때문에 수술을 망칠 요소가 상당히 많고, 여러 가지 스트레스 등이 성형 수술로 엉뚱하게 폭발할 수도 있다.

상담을 하면서도 계속 거울을 보는 사람이 있다. 이 경우 자기 상황에 대해서 좀 더 고민하고 교정할 부분을 명시한 다음 수술을 받든지, 아니면 조금 시간적 여유를 두고 다시 생각해 본 후 수술 여부를 결정하도록 권유한다.

Dr. 유 주기적으로 거울을 보며 새로운 수술을 찾는 사람은 다시 한 번 생각해봐야 한다. 단, 외모에 대한 불만족스러움이 상식적으로 인정되는 수준이라면 수술해야 한다.

성형 수술을 해야 할지 결정하는 데는 두 가지 대전제가 필요하다. 수술 동기나 예상 결과가 긍정적이어야 한다는 것이다. 이미 수술을 해서 예뻐졌는데, 마치 백화점 세일 시즌에 쇼핑을 하듯 올 겨울에는 뭘 수술하지 고민하는 사람들이 있다. 그런 경우는 말리고 싶다.

● 성형 수술을 한 사람들은 어느 정도 만족하는가?

Dr. **서** 성형 수술 결과는 시간이 지난 후 종합적으로 판단해야 한다. 통계
상 수술을 받은 이들의 절반 이상은 어느 정도 시간이 지나면 결과
에 만족한다. 즉시 결과가 나오는 수술도 있지만, 가슴 수술이나 코
수술은 상태에 따라서 3~6개월 정도 지나야 완전히 자리가 잡히므
로 그때 평가할 수 있다. 그 기간 동안 병원 측에서 관리를 하는데,
너무 불안해하지 말고 마음을 잘 다스려야 한다.

Dr. **유** 모든 사람이 100% 만족하지는 않는다. 전체의 5% 정도는 불만족스
러워하는 것 같다. 불만을 말하는 사람들이 이야기하는 것을 들어보
면, '뭔가가 아쉬워' '오른쪽하고 왼쪽이 좀 다른 거 아냐?' 하는 내
용이 많다. 좀 과민한 게 아닌가 하는 생각이 들 정도다. 근데 외국의
경우 그런 이야기를 별로 하지 않는다. 우리나라 사람들은 좁은 땅덩
어리에서 경쟁이 치열하니까 '내가 쟤보다 예뻐야 한다. 그래야 성공
할 수 있다'라는 생각이 무의식 중에 있는 것 같다.

● 성형 수술을 결심하기 전에 꼭 해주고 싶은 말이 있다면?

Dr. **유** 남들의 말에 현혹되지 않았으면 한다. 남들이 한다고 따라 하거
나 다른 사람 사진을 가져와서 그대로 해달라고 하는 것은 문제
가 있다. 사람마다 얼굴이 다르므로 적합한 수술도 다르다.

충동적으로 수술을 행동에 옮기는 사람들이 많다. '진짜 예뻐지고 싶어서 수술을 결심했는가'라는 질문을 자신에게 해보기 바란다. 예뻐지고 싶어서 찾아온 사람과 별생각 없이 충동적으로 온 사람은 10분만 이야기해도 알 수 있다.

Dr.서 기대치에 대한 정확한 목표나 상한선이 필요하다. 본인이 희망하는 것과 의사가 권하는 수준, 그리고 예상 결과를 충분히 상의해서 합일점을 찾아야 한다. 그 합일점을 목표로 수술해야 만족할 수 있다.

대부분 사람들이 못생겼다고 말하는 얼굴이라면 어느 한 부위를 고친다고 해서 확연히 예뻐지지 않는다. 어디가 좋아질 수 있고, 어떤 방식으로 성형해야 하는지를 본인도 의사가 생각하는 것만큼 알아야만 수술로 얻는 것이 크다. 아무리 수술을 잘 해도 본인이 싫다고 하면 소용이 없다. 대부분 수술은 의사들이 할 수 있는 범위 안에서 환자에게 맞는 수준으로 하니까 그것을 인정하는 마음의 여유가 필요하다.

PART 04

마음의 창, 아름다운
눈 만들기
- 솔 루 션 1

지금은 쌍꺼풀이 있는 눈을 선명하고 생기가 있고 여성스러운 눈이라고 한다.
하지만 사람에 따라서는 외꺼풀 눈이 더 아름답다. 눈이 큰 사람이
쌍꺼풀 수술을 하면 눈이 더 커져서 외모가 깎일 수도 있다.

눈은
마음의 창

사람의 눈은 다른 영장류에 비해 몸집에 비례가 맞지 않을 정도로 크다. 모든 영장류들의 눈은 짙은 색의 공막(鞏膜)이 있어서 눈동자의 움직임을 알 수 없지만, 사람의 눈은 공막이 흰색이어서 시선이 어디를 향하는지 뚜렷하게 보인다. 또한 눈의 윤곽도 선명하게 드러난다. 눈을 '마음의 창'이라고 하는 것은 눈빛이나 시선 등에 내면이 드러나기 때문이다. 대화를 할 때 상대의 눈을 바라보는 것도 같은 이유일 것이다.

특히 서양인들의 눈이 크고 또렷하게 보이는 이유는 쌍꺼풀 때문이다. 동양인들은 전체 인구의 40~60%만 쌍꺼풀이 있지만, 대부분의 서양인들은 쌍꺼풀이 있다.

1950~70년대의 우리나라 전통 미인상은 달걀형 얼굴에 눈, 코, 입이 조화롭게 배치된 모습이었다. 포인트로 볼에 살집이 좀 있는 부잣집 맏며느리감이라고 부르던 얼굴이다. 이때까지만 하더라도 복스러운 얼굴

이 대세였다. 그러나 1980년대에 접어들면서 우리나라도 점차 서양인의 미적 기준을 좇아갔다.

1980~90년대 미인상은 콧방울이 둥글면서 눈꼬리가 살짝 올라간 형태로 규격화됐다. 예전 같으면 여우상이라 말하는 얼굴이 미인의 표준이 된 것이다. 이런 변화는 시대상의 반영이라고도 할 수 있다. 그전까지 가정에서 수동적인 역할만 강요받던 여성들이 본격적으로 사회에 진출하면서 남편을 조절할 수 있는 자신감을 표현했다. 당시 "남자는 여자하기 나름이에요."라는 카피가 광고계를 평정했고, 영화 〈결혼 이야기〉에서 맞벌이 부부로 나와 남편(최민식)에게 당당하게 주장을 펼치는 아내(심혜진)의 모습이 여성들의 롤 모델이 되었다.

사회상이 이렇게 변모하자 여성들은 지적이면서 활동적이며 도회적인 미인상에 점차 자신들을 대입했다. 서서히 서구화의 길을 걷게 된 것이다.

2000년대에 들어서면서부터는 눈이 각광을 받았으며 서구형 미인의 특징이 보편적인 미의 기준으로 통용됐다. 상당수 미인들이 이런 기준을 충족하며 저마다 미모를 자랑할 때쯤 시대는 '동안'이라는 새로운 아이콘을 내밀었다. 사람들은 눈 밑 애교살에 매혹됐고, 전체적으로 귀여운 이미지의 동안에 열광하고 있다.

미의 기준은 이렇게 시대에 따라 변하고 있지만, 한 가지 분명한 것은 사람은 눈에 따라 인상이 많이 변한다는 것이다.

아름다운
눈이란

옛날 우리나라 사람들은 쌍꺼풀이 없고 눈꼬리가 살짝 올라간 길고 갸름한 눈을 미인의 조건으로 꼽았다. 그러나 미의 기준은 세월이 흐르면서 바뀌었고 지금은 쌍꺼풀이 가늘고 큰 눈을 선호하는 추세다. 여전히 쌍꺼풀이 없는 눈이 예쁘다고 생각하는 사람들도 있지만, 지금은 일반적으로 쌍꺼풀이 있는 눈을 선명하고 생기가 있고 여성스러운 눈이라고 한다.

미학적인 비율로 보면 아름다운 눈은 얼굴 넓이를 10으로 할 때 2~2.5의 비율을 이룬다. 눈 길이는 약 3cm, 높이는 1cm, 눈과 눈 사이 간격은 눈 길이와 같다. 눈썹 안쪽과 콧방울에 선을 그었을 때 그 선상에 눈머리(내안각)가 있고, 눈썹 가장자리와 코끝을 잇는 선상에 눈꼬리(외안각)가 위치한다.

대부분의 동양인은 눈머리 안쪽에 윗꺼풀이 아랫꺼풀처럼 보이도록 하는 몽고주름이 있어서 내안각이 눈썹 안쪽과 콧방울을 이은 선에 미치지 못한다. 그 결과 눈이 작아 보이거나 답답해 보인다. 눈 길이가 짧을 경우 눈의 폭 또한 좁고 부자연스럽게 보인다.

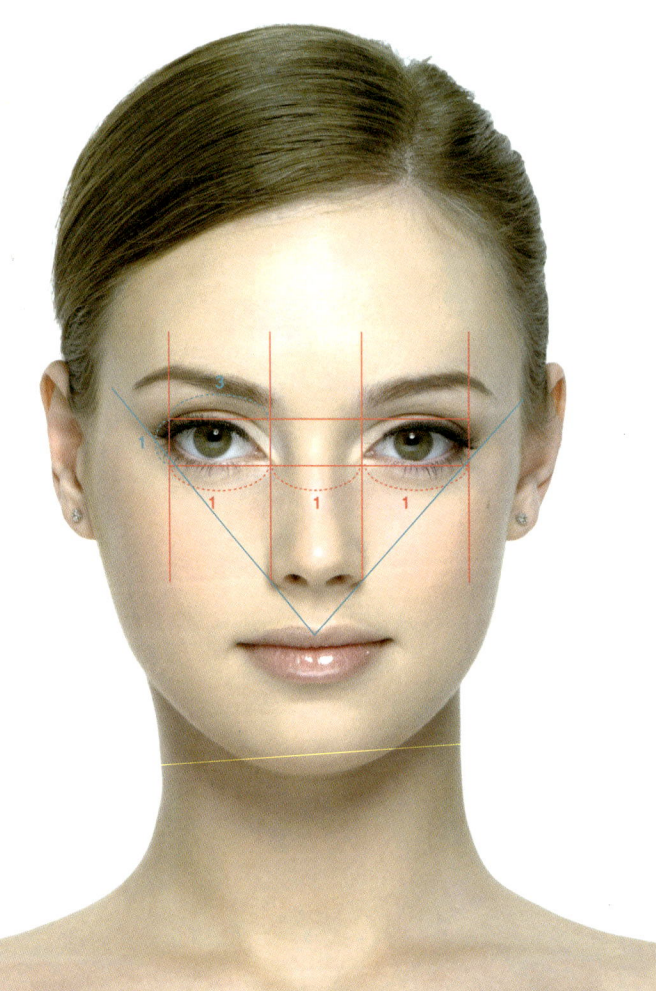

유형별
눈 성형 수술

● 쌍꺼풀 수술

쌍꺼풀은 눈을 뜰 때 피부와 연결된 상안검거근(눈을 뜨게 하는 근육)이 당겨지는 동시에 접히면서 생긴다. 많은 경우 유전의 영향을 받는다. 백인종과 흑인종은 거의 모두 쌍꺼풀이 있으나, 황인종은 비교적 적다. 대부분 동양인들은 상안검거근이 피부와 연결되어 있지 않아서 쌍꺼풀이 생기지 않는다. 한국인은 절반 정도가 쌍꺼풀이 있다.

수술 방법은 다음과 같은데, 특별이 무엇이 좋다고는 말할 수 없다. 눈과 피부 두께, 지방 조직에 따라 적합한 수술법이 다르기 때문이다. 무조건 자연유착법으로 하면 결과가 좋고 절개법으로 하면 단점이 많을 것이라는 생각은 오해다.

⏐ 눈두덩이가 두툼해요 절개법

눈꺼풀을 절개해서 조직과 피부를 잘라내고 상안검거근과 피부를 연결
해주는 방식이다. 회복 기간 동안 비교적 많이 붓는다. 눈을 감을 때 흉
터가 살짝 보일 수 있으나, 쌍꺼풀이 선명하고 풀릴 확률이 훨씬 적다.
눈매 교정, 늘어진 피부 제거 등을 같이 할 수 있다.

⏐ 눈꺼풀이 얇아요 매몰법

피부에 조그마한 홈을 3~5개 낸 후 상안검거근과 피부를 실로 연결하는
방식이다. 이 과정에서 홈으로 지방을 빼내는 방식을 부분절개법이라고
한다. 절개법보다 자연스러운 쌍꺼풀을 만들 수 있다. 흉터가 작고 수술
후 부기도 거의 없다. 다만, 눈꺼풀이 얇은 환자들에게만 가능한 시술법
이다. 실만으로 연결하는 방식이기 때문에 쌍꺼풀이 풀리는 경우가 있다

쌍꺼풀 수술 전후 모습

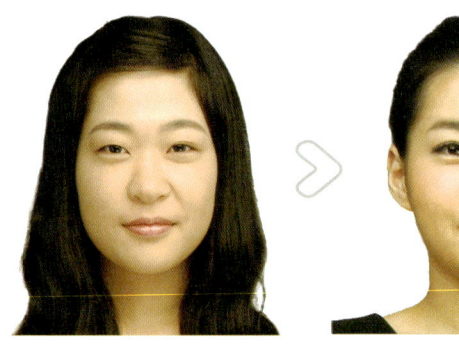

쌍꺼풀 수술 전후 모습

* 이 사람들은 눈과 코를 동시에 성형 수술했다.

(약 7~8%). 쌍꺼풀을 만들기 위해 테이프를 오랫동안 붙이거나 노화로 눈꺼풀이 늘어난 경우는 수술하기 힘들다.

| 흉이 작고 안 풀렸으면 해요 부분절개법

피부를 잘라내지 않고 부분부분 절개한 후 지방을 제거하면서 쌍꺼풀을 만드는 방법이다. 부기가 적고 비교적 회복이 빠르다. 풀릴 가능성이 적고, 지방 제거가 가능하다. 절개 부위의 함몰로 수술한 자국이 표시날 수도 있다.

| 흉터 없이 자연스럽고 안 풀렸으면 좋겠어요 자연유착법

매몰법과 비슷한 원리의 수술이지만, 실을 사용하지 않고 피부와 상안검거근이 붙도록 하는 조금 더 진보된 방식이다. 기존의 수술법은 세 군데 정도를 연결해서 인위적으로 피부를 끌어올리지만, 자연유착법은 라인을 따라 자연스러운 결합을 유도하기에 좀 더 자연스러운 결과를 얻을 수 있다. 실에 의존하지 않으므로 풀릴 가능성이 상대적으로 적다.

⚙ 눈매 교정술

넓은 의미의 눈매교정술은 안검하수 교정술, 앞트임, 뒷트임 등 다양한 수술로 눈매를 아름답고 또렷하게 만드는 것을 뜻한다. 절개법과 병행하므로 쌍꺼풀 수술을 별도로 할 필요는 없지만, 쌍꺼풀 없이는 수술을 할수 없다. 쌍꺼풀이 부담된다면 속쌍꺼풀 정도로 낮게 만들면 된다.

안검하수의 심한 정도

눈꺼풀이 검은자의 절반 이상을 가림

눈꺼풀이 검은자의 절반을 가림

눈꺼풀이 검은자의 일부를 가림

눈이 졸려 보여요

안검하수 교정술

안검하수란 눈꺼풀이 검은자를 가리고 있는 상태, 혹은 눈이 덜 떠져 보이거나 졸려 보이는 현상을 말한다. 눈이 답답해 보이고 눈매를 흐리게 하는 주범이다. 증상이 한 쪽에만 나타날 경우 눈 크기가 달라져서 짝눈의 원인이 된다. 증상이 심하면 눈꺼풀이 검은 눈동자의 절반을 가리기도 한다.

안검하수 교정술은 눈꺼풀을 들어올리는 근육인 상안검거근을 절제하거나 축소하여 눈 뜨는 힘을 강하게 하는 수술이다. 보통 쌍꺼풀 수술중 절개법과 함께 시행한다.

수술 후에는 눈썹 근육이 아닌 눈 뜨는 데 필요한 근육을 이용해서 눈 뜨는 연습을 꾸준히 해야 한다. 그렇지 않으면 눈을 뜰 때 사용하는 근육이 다시 약해져서 눈꺼풀이 처질 수 있기 때문이다. 단점은 수술 후에도 두 눈이 어느 정도는 비대칭일 수 있고, 심하면 재수술을 해야 한다는 것이다.

안검하수가 생기는 원인 주로 나이가 들면서 노화 현상으로 안검하수가 생기지만, 선천적으로 상안검거근의 힘이 약해서 안검하수가 생기는 경우도 있다. 그 외에 렌즈를 착용할 때 눈 근육을 잘못 사용하거나 사고 등으로 눈꺼풀 근육이나 신경에 이상이 생겼을 경우에도 나타난다.

안검하수를 교정하지 않으면 눈을 치켜뜨는 습관 때문에 이마에 주름이 생기거나 눈썹 윗부분이 튀어나와서 이마에 굴곡이 생길 수도 있다. 가끔은 시력이 떨어지는 경우도 있고, 피로감이 늘어나기도 한다. 미용뿐 아니라 기능상의 문제를 일으킬 수 있으므로 교정하는 것이 바람직하다.

이럴 땐 안검하수다! (자가진단법)

- 검은 눈동자의 3분의 1 이상이 가려질 경우
- 졸린 눈이라는 소리를 듣는 경우
- 눈을 뜰 때 눈썹을 위로 치켜뜨는 경우
- 이마에 주름이 생기거나 눈썹 위가 약간 들어가 있는 경우
- 눈썹 위를 손바닥으로 눌렀을 때 눈을 뜨기 힘든 경우
- 눈을 뜰 때 고개가 함께 젖혀지는 경우
- 눈을 뜰 때 한쪽 눈이 더 늦게 떠지거나 크기 차이가 많이 나는 경우
- 검은 눈동자 아래쪽 흰 눈동자가 보통 사람보다 많이 보이는 경우

눈꺼풀이 처져서 답답해 보여요 상안검 교정술

노화로 눈을 뜨게 하는 상안검거근과 그 주변 피부의 힘이 약해지면 눈꺼풀이 처져서 눈 모양이 달라지고 쌍꺼풀이 가려지기도 한다. 시야가 잘 확보되지 않고, 눈꼬리 부분의 피부가 겹쳐서 짓무르는 경우도 있다.

상안검 교정술은 늘어진 피부를 절제하고, 필요 없는 지방들을 제거하면서 쌍꺼풀을 만드는 수술이다. 이 수술로 쌍꺼풀 라인을 깨끗하게 정리하면 보다 더 젊은 눈매를 만들 수 있다. 또한 늘어진 눈꺼풀을 제거함으로써 시야가 가려지는 현상도 개선할 수 있다. 보통은 쌍꺼풀 수술을 병행하며, 원하지 않을 경우 쌍꺼풀을 만들지 않기도 한다.

눈 밑이 불룩해서 피곤해 보여요 하안검 교정술

노화가 진행되면 위쪽 눈꺼풀뿐 아니라 아래쪽 눈꺼풀도 피부가 얇아지고 느슨해져 처지게 된다. 눈꺼풀의 탄력이 심하게 떨어지면 눈 밑 라인이 잘 뒤집어지거나 눈물이 나는 경우도 생긴다.

눈 밑 피부가 얇아지면서 눈을 둘러싼 지방이 돌출될 경우 눈 밑이 불룩해지고 색소 침착이 이루어진다. 이 증상이 심해지면 다크서클로 진행되기도 한다. 눈 밑이 불룩하면 나이가 들어 보이고 우울하고 피곤한 인상이 되기 쉽다.

하안검 교정술은 아래 눈꺼풀의 속눈썹 밑을 절개하여 처진 피부를 잘라내고 지방을 적당량 없앤 후 봉합하는 수술이다. 아래 눈꺼풀을 눈썹 쪽으로 최대한 당겨서 수술하므로 자국이 거의 눈에 띄지 않는다.

Z – 성형 앞트임 수술 : 눈머리의 각도를 바꾸고 싶을 때

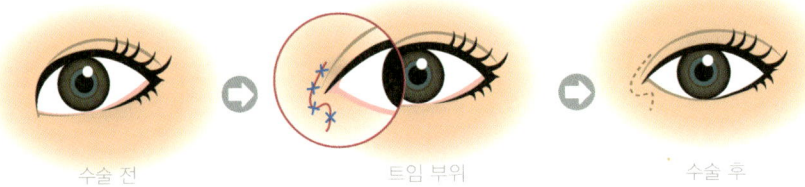

수술 전   트임 부위   수술 후

재배치 앞트임 수술 : 흉터 없이 눈을 길게 하고 싶을 때

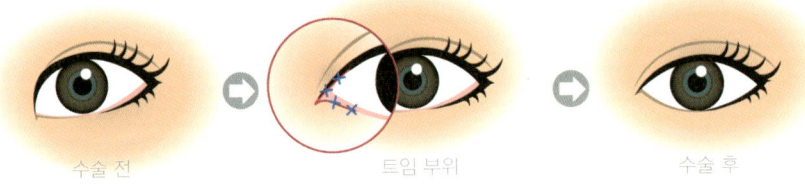

수술 전   트임 부위   수술 후

일반 뒤트임 수술 : 눈을 옆으로 길게 늘이고 싶을 때

수술 전   트임 부위   수술 후

1~2mm

눈꼬리 내림 뒤트임 수술 : 올라간 눈꼬리를 내리고 싶을 때

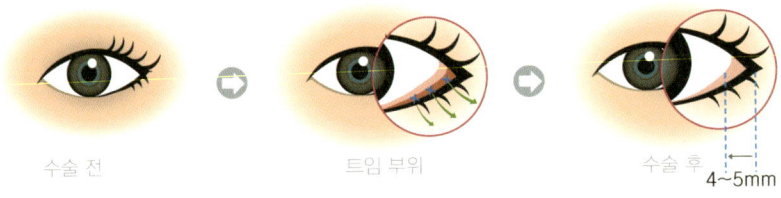

수술 전   트임 부위   수술 후

4~5mm

▎눈이 짧아요

이상적인 눈은 눈썹 안쪽과 콧방울을 일직선으로 그었을 때 그 선상에 눈머리(내안각)가 위치한다. 그러나 동양인의 대부분은 위쪽 눈꺼풀이 아래쪽 눈꺼풀처럼 연결된 몽고주름이 있어서 내안각이 그 선에 미치지 못한다. 그 결과 눈매가 답답해 보이거나 작아 보인다.

앞트임 수술은 내안각을 덮고 있는 몽고주름을 제거함으로써 크고 시원스러운 눈매를 만들어준다. 앞트임 수술을 하면 미간이 좁아 보이고 눈의 초점이 맞지 않는다는 속설이 있지만, 사실은 그 반대다. 정상적인 눈의 폭을 가리고 있던 몽고주름을 제거하기 때문에 오히려 수술 전보다 초점이 잘 맞아 보인다.

▎눈이 몰려 보여요

이상적인 눈은 코끝과 눈썹 가장자리를 잇는 선상에 눈꼬리(외안각)가 위치한다. 그런데 외안각이 그 선에 미치지 못할 경우 눈이 짧고 부자연스럽게 보인다.

뒤트임 수술은 외안각을 절개하고 결막을 뒤쪽으로 잡아당겨 고정함으로써 눈의 폭을 늘리는 수술이다. 눈이 짧거나 안쪽으로 몰린 경우 뒤트임으로 교정할 수 있다. 기존 수술의 한계점을 극복하여 눈을 더 크게 만들 수 있는 방법을 고민하다가 고안된 수술법이다.

┃ 동안이 되고 싶어요

눈 밑 애교살은 눈을 둘러싸고 있는 근육이 볼록하게 튀어나와 있는 것을 말하는데, 눈을 감을 때 생기는 근육이 다른 곳보다 약간 두꺼워서 생긴다. 웃을 때 더욱 도드라지며 눈의 윤곽을 또렷하게 하여 귀엽고 부드러운 인상을 만들어준다.

눈 밑 애교살 수술은 동안을 추구하는 연예인들 사이에서 인기가 많았는데, 최근에는 간단한 시술 덕분에 일반인들도 많이 하고 있다. 시술 방법은 인공 진피를 삽입하거나 미세자가지방을 이식하기도 하지만, 간단하게 5분 동안 주사 한 번만 맞으면 끝나는 필러를 많이 선호하는 편이다.

필러의 경우 대개 효과가 1년 정도 지속되고, 인공 진피는 영구적이지만 자리를 잡기까지 일주일 정도가 필요하다. 미세자가지방을 이식할 경우 흡수량이 일정치 않으면 울퉁불퉁해질 가능성이 있으므로 반드시 전문의를 찾아야 한다.

이외에도 눈 밑 애교살 수술은 눈 밑에 지방이 없어서 골이 패인 경우에 시술한다.

┃ 눈 밑이 어두워요

다크서클은 눈 밑이 어두운 현상을 통칭하는 것으로 피곤하고 어두운 인상을 만드는 주범이다. 또한 나이까지 많이 들어 보이게 해서 스트레

눈 밑 애교살

스 요소가 된다.

많은 사람들은 피곤해서 다크서클이 생긴다고 알고 있지만, 사실 원인은 여러 가지다. 피로와 스트레스, 수면 부족이 주된 요인이며, 안검하수(눈 밑의 지방을 싸고 있던 피부가 약해져서 불룩 튀어나온 경우), 자외선으로 인한 눈 주변 모세혈관 확장과 색소 침착 등이 있다. 마스카라, 아이라이너 등 메이크업 잔여물이 눈을 자극하므로 여성에게서 증상이 더 많이 나타난다. 근본 원인을 파악하고 그에 맞는 수술을 해야만 만족하는 결과를 얻을 수 있다.

다크서클 수술 방법

눈 밑 지방이 원인일 경우 지방을 빼거나 헤쳐 놓은 후 골이 패인 부분에 필러나 인공진피를 삽입 또는 미세자가지방을 이식한다. 이때 주름도 함께 제거하면 눈 밑이 더욱 밝아진다. 수술한 티가 가장 나지 않으며, 스스로 말하기 전까지는 가족조차 알 수 없다.

색소 침착이 원인인 경우 레이저나 박피로 치료한다. 치료가 잘되지 않는 경우도 있다.

함몰이 원인인 경우 지방 이식이나 필러로 함몰 부위를 채워준다.

┃ 노화로 눈꺼풀이 처졌어요   눈썹 거상술

중년 이후 노화로 눈꺼풀이 처질 경우 눈 가장자리 피부가 짓무르고 헐어서 염증이 생기고, 이마 근육을 이용해서 눈을 뜨게 되어 이마에 주름이 깊어진다. 눈썹 거상술은 이러한 증상을 교정해주는 것으로, 눈썹 위로 수술을 하는 경우와 눈썹 아래로 수술을 하는 두 가지 경우로 나눈다.

눈썹 위 거상술

눈썹 위로 눈썹이 난 부분과 나지 않은 부분을 경계로 수술한다. 피부를 절개하는 경우와 절개하지 않고 당겨주기만 하는 경우가 있다.

눈썹과 위쪽 눈꺼풀의 속눈썹 사이 길이가 짧은 경우, 양쪽 눈썹이 비대칭인 경우 적합하다. 눈썹 아래로 하는 수술보다 흉터가 눈에 더 잘 띄지만, 수술 후 2, 3개월 정도면 거의 보이지 않을 만큼 옅어지고, 메이크업으로 충분히 커버할 수 있다.

눈썹 아래 거상술

눈썹 아래로 눈썹이 난 부분과 나지 않은 부분을 경계로 수술한다. 피부를 절개하여 늘어진 근육과 주변 조직은 당겨서 고정하고, 늘어진 피부는 제거한다.

자신의 쌍꺼풀을 유지하거나 눈 모양의 변화를 원치 않는 경우 적합하다. 눈썹 경계를 따라 수술하므로 흉터가 눈에 잘 띄지 않고, 3개월이 지나면 거의 찾아볼 수 없다.

눈썹 위 거상술

수술 전 → 수술 전 디자인 → 피부 절개 및 제거

→ 봉합 → 수술 후

눈썹 아래 거상슬

수술 전 → 수술 전 디자인 → 피부 절개 및 제거

봉합 → 수술 후

눈 성형 전
이것만은 잊지 말자

쌍꺼풀 수술은 성형 수술 하면 떠오를 만큼, 또한 방송에서 '집는다'고 표현할 정도로 우리나라에서는 20여 년간 발전을 거듭하며 보편화되었다. 다른 성형 수술보다 역사가 오래된 덕분에 임상 결과도 많고 그만큼 검증된 수술이기도 하다. 오랜 역사와 다양한 사례, 사람들의 욕구까지 겹쳐졌으니 일상이 되지 않는다면 그것이 오히려 더 이상할지도 모른다.

너무도 보편적이기에 쉽게 수술을 결심하고 실행하기도 하지만, 그래도 엄연한 수술이고 얼굴을 변화시키는 것이므로 고민의 시간이 필요하다. 모든 성형 수술이 마찬가지지만, 특히나 눈은 작은 변화만으로도 얼굴 전체 이미지가 달라지거나 조화가 무너질 수 있기에 조심스럽다.

앞에서도 말했지만, 미학적으로 아름다운 눈은 얼굴의 옆넓이를 10으로 볼 때 2에서 2.5의 비율을 이룬다. 눈 길이는 3cm 전후, 위아래 높이는 1cm 전후, 눈과 눈 사이 간격은 눈 길이 정도가 적당하다.

　그러나 이것은 어디까지나 미학적인 것이고, 사람마다 어울리는 모양이 다르다. 성형을 고민할 때는 결정적으로 자신의 얼굴에 맞는지, 안 맞는지를 가장 중요하게 생각해야 한다.

　쌍꺼풀 수술을 하면 답답해 보이는 눈이 시원스러워지고 예뻐진다고 흔히 생각한다. 바로 여기에서 일반화의 오류가 시작된다. 수술을 하기 전에는 최소한 다음 세 가지를 고려해야 한다.

　첫째, 세상에 똑같은 눈은 없다.

　우리나라 인구가 5천만 명이라면 그 숫자만큼 눈 모양도 다르다. 비슷한 눈매를 지녔다 해도 얼굴 형태에 따라 인상이 달라진다. 친구가 쌍꺼풀 수술을 해서 예뻐졌다고 나도 쌍꺼풀 수술을 하면 예뻐질 것이라는 논리는 성립할 수 없다. 사람에 따라서는 외꺼풀 눈이 더 아름다울 수도 있다. 눈이 큰 사람이 쌍꺼풀 수술을 해서 눈이 더 커진다면 거부감이 들 수도 있다.

　둘째, 똑같은 눈 수술이라도 사람마다 시술법이 다르다.

　쌍꺼풀 수술로 얻는 가장 큰 효과는 눈이 커 보이는 것이다. 일반적으로 쌍꺼풀 수술을 하면 눈꺼풀이 접히면서 눈동자가 더 많이 보이지만, 사람의 눈은 모두 다르므로 효과가 다 같지는 않다.

　쌍꺼풀 수술만으로 충분한 효과를 얻는 사람도 있지만, 눈이 생각보다 작거나 크면 다른 방법도 고려해야 한다. 예를 들어 눈이 작을 경우 쌍꺼풀 수술과 앞트임 수술을 동시에 하여 가로 폭을 길게 하고, 눈꺼풀을 당겨 눈 높이를 더 크게 해야 한다. 사람마다 눈매와 얼굴 형태가 다르므로 가장 최적의 상태를 만드는 선택을 해야 한다.

셋째, 전문의 의견에 귀 기울여야 한다.

'쌍꺼풀 수술 정도야'라는 가벼운 마음으로 수술을 결정할 수도 있지만, 전문가의 도움을 받아야 한다. 누구나 자신의 얼굴에 대해서는 객관적으로 판단하기가 어렵기 때문이다. 흔히들 연예인 누구의 눈매를 만들면 자신도 예뻐질 것이란 생각을 하지만, 현실에 맞지 않은 환상인 경우가 많다. 수많은 사례를 접한 전문의는 객관화된 시선과 여러 해동안 쌓아온 임상 경험을 바탕으로 가장 어울리는 디자인과 시술을 권할 수 있다.

성형외과를 찾는 많은 사람들에게는 환상 비슷한 것이 있다. 그러나 수술은 현실이고, 수술대에는 환상이 끼어들 여지가 없다. 환상과 현실 사이의 절충점을 찾아야 한다.

전문의와의 **카운슬링** 서일범 원장 · 눈 성형에 관해 궁금한 모든 것

수술한 티가 나거나 부기가 빠지지 않는 경우도 있나요?

부기는 시간이 지나면 다 빠지게 되어 있습니다. 꼭 부기처럼 보이지만 아닌 경우도 있고요. 6개월이 지났는데 부기가 있을 수는 없습니다. 수술이 잘못되거나 본인의 피부가 두껍거나 지방이 많거나 하는 이유 등으로 부기가 남아 있는 것처럼 보이는 것뿐입니다.

수술한 티가 나는 원인도 여러 가지입니다. 수술을 너무 과하게 해서 그럴 수도 있지만 애초에 티가 날 수밖에 없는 얼굴도 있습니다. 눈꺼풀이 너무 두꺼운 사람이 쌍꺼풀 수술을 하면 부자연스러움이 느껴질 수밖에 없습니다. 나이 든 아주머니들이 쌍꺼풀 수술을 하면 티가 많이 나는 이유는 노화로 두껍게 처진 눈꺼풀을 많이 잘라내야 하기 때문입니다.

체질상 문제가 되는 피부라면 수술을 정상적으로 잘 해도 티가 날 수밖에 없습니다. 체질의 한계를 알고 나서 수술을 결정하시는 게 좋습니다.

보통 회복 기간은 어느 정도 걸리나요?

눈과 코 수술은 일주일이면 큰 부기는 빠집니다. 그렇지만 고작 일주일 만에 자연스럽게 보일 수는 없습니다. 2주쯤 지나야 친구도 만나고 놀러 다닐 수 있을 만큼 부기가 가라앉습니다. 선보러 나가는 것은 3주 후는 돼야 가능하고요. 어느 정도 개인 차이는 있지만 이 선에서 크게 벗어나지는 않습니다.

수술 후 화장은 언제부터 할 수 있나요?

실밥을 다 뽑은 후에 세안이나 메이크업이 가능합니다. 일주일 정도 지나면 충분합니다.

안과와 성형외과에서 눈 수술을 하는 것은 무슨 차이가 있나요?

안과에서 눈 성형을 전문으로 하시는 의사가 계시다면 성형외과랑 차이가 거의 없습니다. 그런데 우리나라에는 눈 성형을 전문으로 하는 안과 의사들이 거의 없습니다. 대부분은 치료를 목적으로 수술하고 있습니다. 그런 수술은 미용을 위한 수술과는 차이가 납니다.

기능상의 문제를 고치는 수술과 미용을 목적으로 하는 수술은 차이가 있을 수밖에 없습니다.

수술 전에 얼굴에 선을 긋고 그림을 그리는 방법으로 수술 후의 모습을 대략 알 수 있나요?

수술 직전 얼굴에 그림을 그리는 것은 수술 결과를 예측하기 위해서가 아닙니다. 미리 계획을 세우기 위한 거지요. 예를 들면 쌍꺼풀 높이나 절개 부위 등을 표시하는 것입니다. 수술실에 들어가서 할 수도 있지만 앉

아 있을 때와 누워 있을 때 모습이 다르기 때문에 수술 전에 미리 표시를 해봅니다. 물론 쌍꺼풀 수술은 이쑤시개나 실핀으로 만들어 보면 어느 정도 결과 예측이 가능합니다.

미국 드라마를 보면 지방 제거 수술을 할 때도 몸에 그림을 그리잖아요? 지방이 많이 축적된 부분을 표시하는 것입니다.

눈썹이 찔리는 등 기능적인 질환이 있는 사람들도 성형외과에서 조치가 가능한가요?

네, 가능합니다. 눈과 관련된 기능적인 문제의 대부분은 눈썹 찔림증 아니면 내반증입니다. 눈썹이 자꾸 눈을 찔러서 병원에 갔다가 쌍꺼풀 수술을 하면 된다는 이야기를 듣고 성형외과로 찾아오는 사람들도 많습니다. 쌍꺼풀 수술은 아무래도 안과보다 성형외과가 믿음직스럽기 때문이죠. 휘어진 코 때문에 숨 쉬기가 힘들어서 이비인후과에 갔다가 성형외과로 오는 분들도 있습니다. 수술을 하는 김에 모양도 잘 만들고 싶어서지요. 이 두 경우 성형 수술을 하는 목적은 100% 미용이 아니라 기능적인 문제 개선까지 포함합니다.

수술 방법과 결과가 일치하는 것은 아니죠?

사람마다 특징이 다르므로 같은 방법으로 수술하지는 않습니다. 수술 방법에 따라 결과가 달라진다고 생각하는 것은 착각입니다. 더 좋은 수술 방법이라는 것은 없습니다. 개인마다 적합한 수술이 있을 뿐입니다. 만약 무조건 절개법은 안 좋고 매몰법이 좋다고 하면 절개법은 사라졌겠죠. 그렇지 않은 것은 절개법이 효과가 더 있는 경우도 많기 때문입니다. 코 수술의 경우 귀 연골과 비중격 연골 중 무엇을 보형물로 쓰는 것이 좋으냐는 사람마다 다릅니다. 직접 보지 않고서는 답이 없습니다. 추구하는 바에 따라 수술 방법이나 범위도 많이 달라집니다. 눈이 조금만 커지길 바라는 분과 또랑또랑하게 커지고 싶다는 분에게는 다른 수술 방법을 적용해야겠지요.

수술 흉터를 없애준다는 연고는 정말 도움이 되나요?

물론 도움이 됩니다. 절개한 흔적이 아예 남지 않을 수는 없지만, 흉터에 도움이 되는 연고나 약이 많습니다. 흉터를 치료하는 레이저도 발달했고요. 회복 기간도 줄이고 흉터를 줄이는 방법은 여러 가지가 있습니다. 물론 만병통치약이 아니라서 흉터를 100% 없앨 수는 없지만요.

수술은 여름과 겨울 중 언제 하는 것이 좋은가요?

어느 계절에 해도 수술 결과나 회복 속도는 전혀 차이가 없습니다. 다만 땀을 많이 흘리는 여름보다 겨울에 씻지 못하는 것이 덜 불편해서 겨울을 선호하는 편입니다. 여름에는 휴가를 가기 때문이기도 하고요. 여름에 수술하면 염증이 잘 생긴다는 말이 있던데 지금은 항생제가 잘 발달돼서 계절의 영향을 받지 않습니다.

한쪽만 쌍꺼풀이 있으면 다른 쪽에 쌍꺼풀을 만드는 것이 좋을까요?

꼭 그럴 필요는 없습니다. 한쪽만 쌍꺼풀 있는데도 매력적이고 잘 생긴 유명 연예인도 많아요. 하지만 본인이 스트레스를 받거나 남들이 자꾸 지적할 정도로 큰 비대칭이라면 수술로 교정하는 것이 좋습니다.

생리 중에 수술해도 되나요?

크게 지장은 없습니다. 성형 수술 중엔 출혈이 많은 경우가 없기 때문입니다. 생리 중에 수술을 하면 멍이 많이 든다는 속설이 있긴 한데, 산부인과 의사들에게 물어보고 논문을 찾아봐도 그런 내용은 없습니다. 수술 결과에 영향을 주지 않는데도 신경이 쓰이거나 찝찝한 마음이 남는다면 그때를 피해서 수술 스케줄을 잡으면 됩니다.

수술 후 냉찜질은 얼마나 오래 해야 하나요?

보통 눈과 코를 수술하면 만 48시간까지는 피부가 점점 부어오릅니다. 그때까지는 냉찜질로 혈액순환을 제한하는 것이 좋습니다. 그러나 부기는 정점을 찍고 나면 점점 가라앉습니다. 이때는 혈액순환이 잘되는 것이 좋으므로 온찜질을 하는 것이 바람직합니다. 수술 후 3일까지는 냉찜질을 하고 이후에는 온찜질을 하라고 권합니다.

눈 수술 후 눈물을 흘려서는 안 되나요?

흐르는 눈물을 어떻게 막나요? 눈 수술을 했으면 눈이 자극돼서 눈물이 날 수밖에 없습니다.

눈과 코 수술을 동시에 하는 경우도 많나요?

동시에 효과를 보고 두 번 수술해야 하는 번거로움을 피하기 위해 같이 하는 경우도 많습니다. 수술을 같이 한다고 해서 결과에 영향을 미치지 는 않습니다.

같이 수술해서 불안할 것 같으면 따로 하고, 한 번에 얼굴이 너무 바뀌 는 것이 부담스럽다면 우선 한 군데를 수술하고 나서 결정하는 것도 좋습니다.

최상의 효과를 얻는
눈 성형 후 관리법

부기

- 수술 후 이틀 동안은 부기나 멍이 생길 수 있으나 그 후로는 점차 빠지므로 염려하지 않아도 된다.
- 수술 후 부기나 멍이 올라오는 3, 4일간은 냉찜질을 하고, 이후로는 혈액순환을 돕기 위해 온찜질을 하는 것이 좋다.
- 고개를 숙이거나 엎드리는 행동을 금한다. 잘 때는 푹신한 베개를 2, 3개 정도 받쳐 부기나 통증을 가라앉히는 데 도움이 되도록 한다. 옆으로 눕거나 엎드려 자지 말고 반듯하게 눕는다.

목욕&세안

- 실밥을 제거하기 전까지는 세안과 메이크업을 삼간다.
- 간단한 샤워는 수술 다음날부터 가능하지만 찜질방, 사우나 등은 수술 3주 후부터 이용해야 한다.

약물

- 진통제나 항생제는 병원에서 처방한 것을 복용한다. 아스피린 계열은 출혈을 유발할 수 있으니 삼간다.

술&담배

- 술과 담배는 반드시 수술 후 3주가 지날 때까지 금한다. 술은 염증을 유발하고, 담배는 혈관을 수축시켜 피부를 검게 만든다.

운동

- 가벼운 산책을 제외한 격한 운동은 수술 후 3주가 지난 다음부터 한다.

기타

- 렌즈는 3주 정도 끼지 않는 것이 좋다.
- 수술 후 3주간은 과도한 자외선 노출을 피한다. 야외에서는 선글라스를 착용하는 것이 좋다.

PART 05

얼굴의 중심,
예쁜 코 만들기
- 솔루션 2

코는 얼굴에서 유일하게 입체감을 주는 부위로 평면인
눈과 입 사이에서 얼굴의 아름다움을 잡아준다. 그러나 코 높이에 집착하면
눈과 입과 이루는 균형이 깨질 가능성이 커진다. 코를 한정 없이 높일 수는 없다.

클레오파트라의
코가 조금만 짧았다면

"클레오파트라의 코가 3mm만 짧았다면 지구의 얼굴이 변했을 것이다."

프랑스 철학자 파스칼이 한 말이다. 우리에게는 "클레오파트라의 코가 조금만 낮았더라면 인류의 역사가 바뀌었을 것이다"로 바뀌어 전해진 바로 그 말이다. 이 말은 클레오파트라가 상당한 미인이거나 아니면 반대로 코가 얼굴과 균형을 이루지 않았다는 것을 의미한다. 실제로 클레오파트라는 코도 뭉뚝하고, 치열도 엉망이었다고 한다. 학자들은 클레오파트라가 세련된 화술과 뛰어난 두뇌, 감각적인 정치 본능으로 카이사르를 유혹하여 결혼했을 것이라고 추측한다.

어쨌든 코가 얼굴에서 차지하는 비중이 크다는 것은 반론할 여지가 없다. 특히 동양인들은 코를 본능적으로 가장 많이 본다. 스코틀랜드 글래스고 대학교의 로버트 칼데러 교수는 '사람이 대면할 때 응시하는 부위'에 관해 연구한 적이 있다. 칼데러는 서양인 14명과 동양인 14명을 대상으로 얼굴 사진을 볼 때 눈동자가 어디에 집중되는지를 관찰했다. 그 결과 서양인들은 주로 눈과 입을 보고, 동양인들은 대부분 코를 봤다. 동양인이 첫 대면 시 코를 주목하는 것은 어쩌면 당연한 현상이 아닐까? 광대뼈가 튀어나온 경우를 제외하면 동양인의 얼굴에서 유일하게 입체 감이 느껴지는 부분이 코이니까 말이다. 얼굴의 중심에 있는 코마저 낮 다면 우리 동양인의 얼굴은 그만큼 밋밋할 수밖에 없을 것이다.

이상적인 코란

아름다운 코는 어떤 모습일까? 미학적인 비율로 보면 다음과 같다.

길이

얼굴의 3분의 1이 적당하다.

콧등

옆에서 볼 때 이마에서부터 S자 곡선을 그리는 콧등이 가장 이상적이다. 이마와 코가 이루는 각도는 135~140도가 적합하다. 코와 입술의 각도는 여성은 95~100도, 남성은

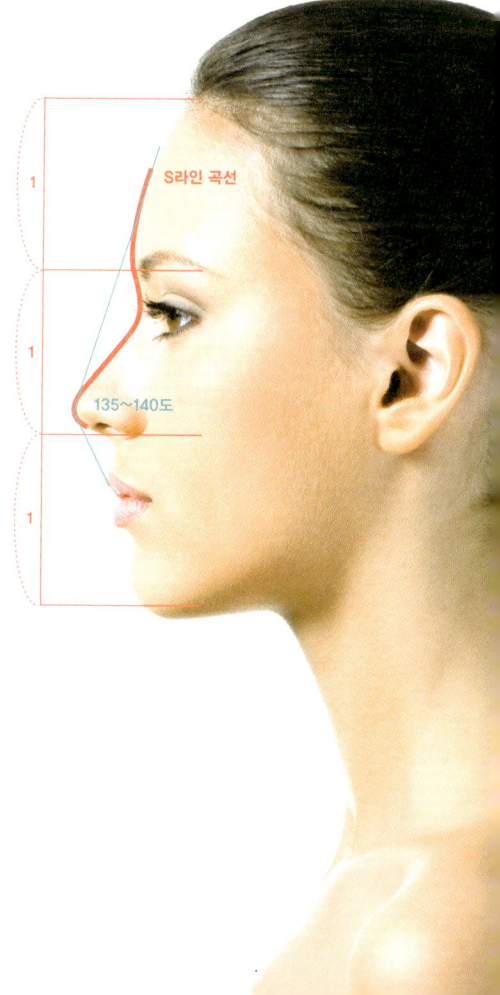

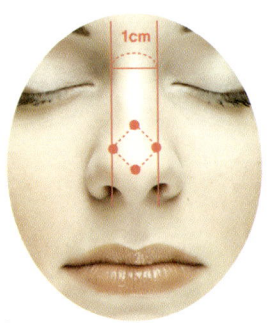

90~95도가 가장 자연스럽다. 여성은 코끝
보다는 콧대가 약간 낮은 버선코 모양이
아름답게 보인다.

정면으로 볼 때는 콧등의 폭이 눈썹의 내
측선을 따라 1cm 내외이고, 부드러운 원을
그리며 내려오는 모양이 이상적이다. 콧대의 폭
은 코끝의 폭보다 좁아야 한다.

콧방울

얼굴의 5분의 1정도 폭에 눈 사이 거리와 같다.

코끝

측면에서 보았을 때 코끝에서 가장 높은
부분인 코끝 표현점과 코끝이 꺾이는 부
위인 코끝 윗점, 코끝 아래점이 나타나야
한다. 정면으로 보았을 때는 코끝의 폭
은 전체 콧방울 폭의 약 60%가 이상적
이며, 네 점이 마름모를 이루어야 한다.

콧방울이 내안각과 일직
선상에 있고 콧끝의 폭은
콧방울의 60% 이상이어
야 한다.

유형별
코 성형 수술

❂ 코의 구조

단단한 코뼈가 위에서부터 아래로 코의 3분의 1을 차지하고, 나머지는
물렁한 상외측 비연골과 콧날개 연골로 구성되었다. 즉 공기가 드나드는
통로는 단단하고 앞으로 튀어나온 부위일수록 부드러운 구조이다.

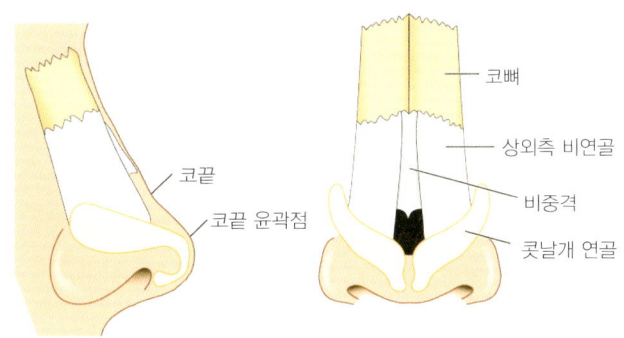

코끝
코끝 윤곽점

코뼈
상외측 비연골
비중격
콧날개 연골

코뼈는 얼굴뼈 중에서 가장 얇고 돌출되어 있어 골절이 잘 일어난다. 아래코 연골은 꼬끝 모양을 이루는 연골로 느슨하게 연결되어 있어서 잘 움직인다. 코끝까지 보형물을 넣으면 콧대가 높이 올라갈 수 있지만, 코끝을 받쳐주지 못해 시간이 지나면서 주저 앉게 된다.

┃ 코가 낮아요 낮은 코 수술

콧대가 낮으면 얼굴에 비해 코가 짧아 보이고 얼굴 가운데 부분이 꺼져 보여 전체적으로 어두운 인상이 된다. 동양인의 경우 콧대가 낮으면서 코끝이 뭉뚝하거나 낮은 경우가 많으므로 콧대를 높이는 수술과 동시에 코끝 수술을 같이 한다. 낮은 콧등을 올려주는 콧대 성형(융비술)은 우리나라에서 쌍꺼풀 수술 다음으로 많이 하는 성형 수술이다. 낮은 코 수술은 코의 모양을 잘 파악하고, 원하는 모양을 만들기 위해 높이, 폭, 길이를 모두 고려해야 한다.

 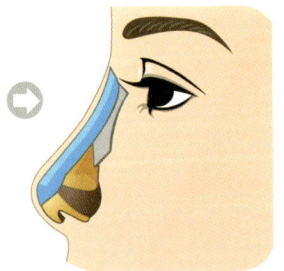

콧등이 낮다.   보형물을 넣어 콧등을 높인다.

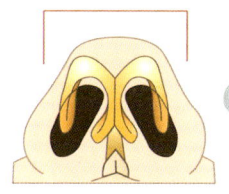
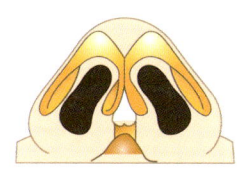
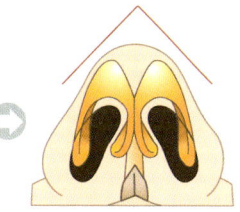

| 코끝이 뭉뚝하고 낮다. | 두꺼운 피부 밑 속살과 과도한 연골을 줄인다 | 코끝 연골을 가운데로 모아준다. 코끝이 오똑하고 날씬하게 위로 올라온다. |

콧등 보형물을 넣어서 이마와 어울릴 정도로 콧등을 높여준다. 약간의 미묘한 커브를 그리는 실루엣을 만드는 것이 중요하다. 인공 보형물은 실리콘이 가장 보편적으로 사용되어 왔으나, 최근에는 고어텍스와 같은 물질의 사용 빈도가 증가하고 있는 추세다. 자가 조직은 귀나 비중격에서 채취한 연골이 보편적으로 사용되고 있다.

양쪽 콧구멍 안쪽을 절개해 코뼈와 골막 사이를 박리한 후 보형물을 삽입하여 콧대를 높여준다. 이전에는 단순히 콧대만 높이는 수술을 많이 했지만, 요즘은 코끝 수술을 병행하는 추세다.

코끝 버선코처럼 오똑하고 날씬하게 위로 올라오는 코끝을 만든다. 양옆으로 벌어진 코는 코끝 연골을 가운데로 모아주고, 그 위에 자신의 귀 연골이나 코 안에서 채취한 비중격 연골을 이식한다.

▪ 돼지코처럼 코가 들렸어요　들창코 교정술

코가 짧고 코끝이 위로 들려 있는 코로 흔히 돼지코로 통한다. 정면에서 볼 때 콧구멍이 과도하게 드러나 보인다. 콧대와 입술이 이루는 각도가 110도 이상이고 윗입술이 코 쪽으로 당겨 올라간 경우가 많다.

들창코의 원인

코를 덮고 있는 피부가 부족하고 코를 이루는 코뼈, 연골의 발달이 부진한 경우가 많다. 코끝의 날개 연골이 머리 쪽으로 지나치게 회전되어서 코가 들려 보이기도 한다. 사고나 코 수술의 부작용으로 염증이 생겨 코끝이 올라간 경우도 있다.

수술 방법

코끝이 들린 정도에 따라 수술 방법이 달라진다. 비중격이 심하게 작고 짧은 경우에는 비중격을 연장해야 하고, 코끝이 들렸을 뿐 아니라 코의 날개 가장자리가 올라가서 콧구멍이 심하게 보이는 경우에는 코끝과 코의 날개 측면도 같이 내려야 한다.

코가 작고 비중격이 짧은 경우 코 안의 정중앙에 있는 비중격 연골이 짧은 경우 코의 구조와 모양에 문제를 일으키지 않는 범위 안에서 비중격 연골을 부분 채취하여 기존의 비중격 연골 끝에 덧대어 코 길이를 연장해준다. 비중격 연골이 부족할 경우 귀 연골을 사용하거나 본인의 늑연골 혹은 가공된 늑연골을 사용하기도 한다

코 길이는 짧지 않으나 코끝이 들려 보이는 경우 코끝 성형으로 들려 보이는 현상을 교정한다. 코끝을 구성하는 연골 자체를 재배치하거나 귀 연골이나 비중격 연골 등을 사용하여 코끝을 보강해준다.

사고나 염증으로 인한 구축 등으로 코가 들려 보이는 경우 피부가 부드러워질 때까지 기다리는 것이 좋다. 구축이 심하면 6개월 이상 기다릴 것을 권한다. 약물과 마사지 등이 도움이 된다. 피부가 적당히 부드러워지면 연골을 이식하여 코끝을 내려준다.

ᛁ 콧방울이 너무 커요
주먹코 수술 교정술

주먹코는 코끝 연골이 과도하게 발달해서 양쪽으로 퍼져 있으며, 코끝 연골 사이에 지방이 두껍게 축적된 경우가 많다. 그 결과 코끝이 날씬하지 못하고 넓다. 아래쪽에서 보면 코끝 모양이 완만하게 둥글거나 사각형에 가까운 사례가 많다. 주먹코를 수술하면 코의 전체적인 윤곽이 높아지고 날씬해져서 얼굴 윤곽이 선명해지는 효과를 얻을 수 있다.

수술 방법

과도하게 성장한 코끝 연골의 일부를 잘라내고 코끝 연골 사이 지방층을 제거한다. 양쪽으로 넓게 퍼진 코끝 연골을 가운데로 모으면서 피부 지방층도 다듬어준다. 코끝 성형과 콧대 수술을 병행하면 보다 균형 잡힌 코를 만들 수 있다. 코끝만 세워도 콧구멍이 줄어드는 효과를 볼 수 있기 때문이다. 물론, 코끝 성형만으로도 콧방울이 줄어드는 효과를 볼 수 있다. 흉터는 콧방울 선을 따라서 감춰지므로 거의 볼 수 없다.

① 코끝 연골 일부를 제거하고 뭉뚝한 연골 부분을 실로 묶어 준다.

② 양쪽 코끝 연골이 벌어진 경우 서로 묶어준다.

③ 코끝 피하지방이 두꺼운 경우 안전한 범위에서 제거, 때에 따라 피부를 일부 제거하기도 한다.

④ 모아도 높이가 모자랄 경우 연골 이식을 추가로 해준다.

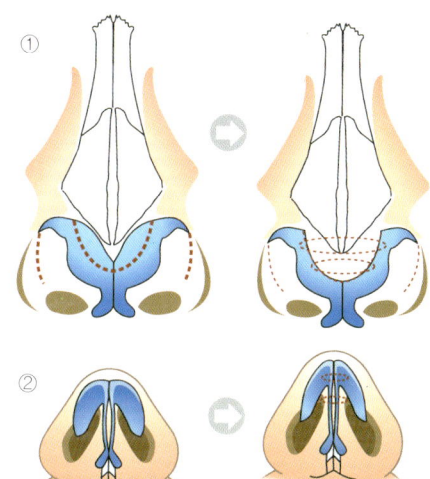

┃ 콧방울이 너무 넓어요　　　　　**콧방울 축소술**

콧방울이 옆으로 심하게 많이 퍼져 있으면 코끝이 펑퍼짐하고 콧구멍도 커지기 마련이다. 이 경우 아무리 예쁘고 작은 얼굴이라도 답답하고 투박해 보인다. 콧등이나 코끝을 높이는 수술만으로 교정이 힘들므로 콧방울을 줄여주는 수술을 해야 한다.

수술 방법

콧구멍 안쪽을 살짝 절개하여 일부 절제한 후 실로 묶는다. 콧구멍이 자연스럽게 좁아지고
코끝이 올라가게 된다.

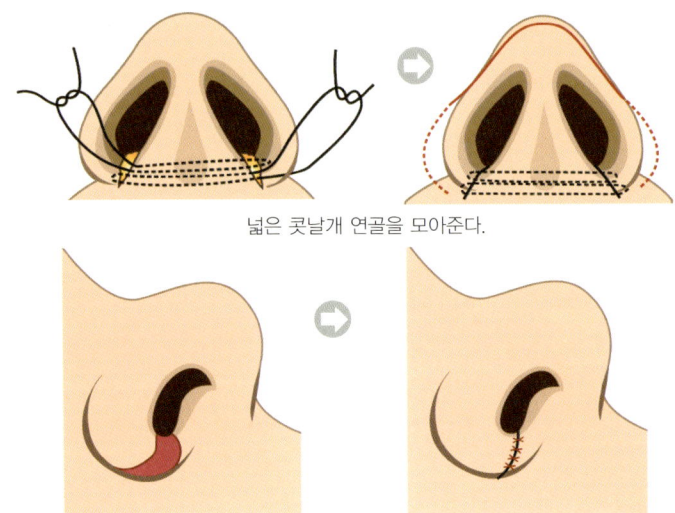

넓은 콧날개 연골을 모아준다.

초과하는 콧방울 살을 절제하여 줄어준다.

┃ 콧대가 튀어나왔어요

매부리코 교정술

코뼈와 위코 연골, 비중격 연골이 만나는 콧등의 중간 부분이 심하게 튀
어나온 경우다. 매부리코 성형은 코를 높여서 매부리를 해결하는 경우와
뼈를 깎아내어 매부리를 해결하는 두 가지 방식으로 나누어진다. 매부리
를 깎아서 제거하는 경우 코가 낮아진 느낌이 들어서 코를 높이는 수술
을 하는 경우가 많으므로 이 점을 염두에 두어야 한다.

수술 방법

콧대가 낮을 경우 매부리 위쪽 콧대에 보형물을 넣어서 전체적으로 콧대가 높아지게 한다.

콧대가 높을 경우

① 매부리 부분의 연골을 절개하고 코뼈의 바깥쪽을 골절하여 안쪽으로 모아준다.

② 콧방울 끝 부분의 연골을 잘라낸 다음 모아서 콧등의 높이를 전체적으로 높여준다.

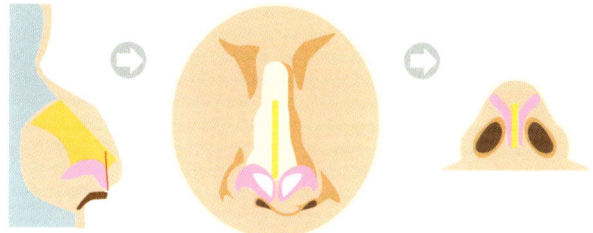

③ 실리콘 등의 보형물을 콧등에 삽입한 후 콧방울 부분에 자가 진피, 연골 등을 이식해 자연스러운 콧방울을 만들어준다.

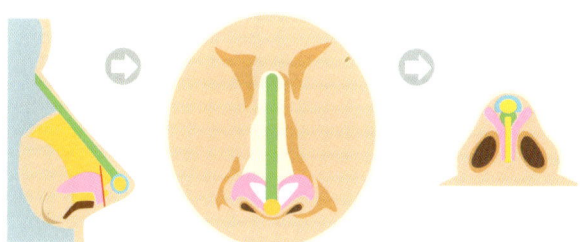

ㅣ콧대가 휘었어요

코뼈와 비중격이 휘어진 코를 말한다. 매부리코의 경우처럼 비골절골술과 비중격성형술로 휘어진 모습을 바로 잡고 필요한 경우 자가 조직이나 보형물을 이용하여 콧대를 높여주는 수술을 병행한다. 휘어진 코는 외관상 보기 싫기도 하지만, 코막힘이나 수면 장애 등의 원인이 되므로 코 내부 구조에 대한 기능적 수술을 같이 해야 할 때도 있다.

수술 방법

코끝 연골 다듬기   코끝 연골이 좌우 비대칭인 경우 양쪽이 대칭을 이루도록 조절한다.

코뼈 바로잡기   코뼈를 절골시켜 움직이게 한 다음 가운데에 위치시킨다. 코뼈를 움직이게 한 후 고정해야 하기에 난이도가 상당히 높은 수술이다.

비중격 바로잡기   콧대의 기초에 해당하는 비중격을 똑바로 편다.

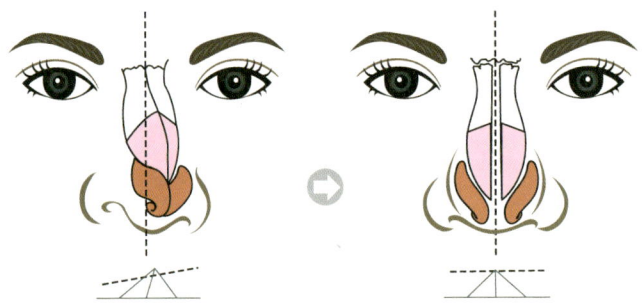

뒤틀린 연골을 중심으로 이동시킨다

휜 코 성형 전후 모습

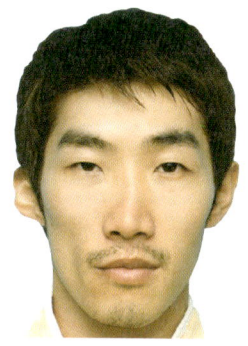 

보형물의
종류

▮ 자가 재료

비중격 연골

코 안을 좌우로 나누는 벽의 앞쪽을 이루는 물렁뼈로서 가장 효율적인
자가 재료로 꼽힌다. 코끝이 낮고 지지력이 약한 사람은 귀 연골 이식만
으로는 코끝이 유지되지 않으므로, 귀 연골보다 단단한 비중격 연골을
사용한다. 코 안쪽에서 채취하기 때문에 절개선을 따로 만들 필요가 없
다. 코 기둥을 바로 세우거나 코 길이를 늘일 때 유용하다.

귀 연골

귓바퀴 바닥에서 채취한다. 비교적 부드러운 연골로 비중격 연골이 부족
한 경우에 사용한다. 코끝 연골을 묶고 그 위에 귀 연골을 이식하여 모양
을 만든다. 가장 많이 사용되지만, 코가 어느 정도 이상 높고, 코뼈가 튼

튼한 경우에만 사용이 가능하다.

늑골

코가 너무 낮아서 인공 삽입물을 사용할 수 없는 경우, 즉 비중격이 없거나 아주 적은 경우에 사용한다. 비중격보다 더 많은 양의 연골을 얻을 수 있으므로 코의 길이와 높이를 쉽게 연장할 수 있다는 장점이 있다.

늑골을 빼낼 때 가슴 부위에 흉터가 남을 수 있다. 늑골을 사용하면 수술이 복잡하고 시간이 길어진다. 또한 약 5~10%의 경우 수술 부위가 휘어지는 부작용이 발생한다.

자가 진피

주로 엉덩이의 엉치뼈 부위에서 채취한다. 지방 채취 부위는 T팬티를 입어도 될 정도로 흉터가 거의 남지 않는다. 진피를 이용하여 성형할 경우 부작용이 거의 없으며 부기가 적고 회복이 빠르다. 인공 보형물에 대한 거부감이 없어서 심리적 부담감도 적다.

자가 지방

인공 보형물에 비해 부작용이 적다. 하지만 삽입한 지방은 시간이 지날수록 흡수되어 결국에는 시술한 지방의 40% 이하만 남는 단점이 있다.

▎인공 재료

실리콘

생체에서 그다지 변하지 않고 이물 반응이 적다. 원하는 모양으로 다듬기도 쉽다. 인공 재료 중에서는 자가 재료 못지않게 안전한 것으로 알려졌다. 다만 피부 아래 넣는 경우에는 비칠 수도 있다.

고어텍스

심장 판막 또는 혈관 수술 등에 사용했으며, 1980년대 후반부터 코 성형에도 이용하기 시작했다. 주위 조직과 적당히 결합되어 모양을 잘 유지할 수 있고 촉감이 부드럽다. 단점으로는 부드러워서 조작하기 힘들다는 것과 실리콘에 비해 염증에 취약하다는 점 등이 있다. 주위 조직과 결합된다는 장점은 수술 후에 제거하기 어렵다는 동전의 양면과도 같은 단점으로 꼽힌다.

고어실리

코 성형 보형물 중에서 가장 많이 쓰였던 고어텍스와 실리콘의 장점만을 결합하여 만든 보형물이다. 바닥은 실리콘으로, 윗부분은 고어텍스로 되어 있어서 실리콘의 피부에 비치는 단점과 고어텍스의 높이가 낮아지는 단점을 보완했다.

하이소프트 실리콘(Bistol)

실리콘의 단점을 보완하고 고어텍스의 장점을 살린 보형물이다. 실리콘보다 부드럽기 때문에 수술 후에 코뼈를 따라서 모양이 바뀌면서 훨씬 더 자연스럽게 자리가 잡힌다. 비치는 현상 역시 없다. 상당히 비싼 것이 단점이다.

알로덤

고어텍스와 실리콘은 주로 콧등을 높이는 데 사용하고, 알로덤은 코끝을 높이는 데 사용한다. 즉 알로덤은 코끝이나 콧대의 부족한 부분을 채우거나 실리콘으로 수술한 후 비치는 부분을 덮는 데 사용한다. 콧대나 미간을 세우는 실리콘이나 고어텍스와는 용도가 확실히 다르다.

코 성형 전
이것만은 잊지 말자

코 성형 수술을 고민하는 사람들이 제일 궁금해하는 것은 보형물의 종류이다. 그들의 80% 정도가 낮은 코를 높이려 하기 때문이다.

동양인들의 얼굴은 서양인에 비해 상대적으로 콧대가 낮고 코끝이 평퍼짐해서 입체감이 떨어진다. 얼굴이 평퍼짐해 보이는 데서 나아가 특징이 없어 보이는 것 또한 사실이다.

이러한 동양인의 얼굴에 어느 한군데가 갑자기 툭 튀어나와 돋보이면 전체적인 균형이 무너진다. 코가 높다고 해서 무조건 예쁜 것은 아니다. 진짜 아름다운 코는 얼굴 전체와 조화를 잘 이룬다.

코를 수술함으로써 눈과 입과 이루는 균형이 깨질 수도 있고, 부작용으로 재수술을 해야 할 수도 있다. 특히나 높이에 집착하다 보면 그럴 가능성이 커진다. '코가 높을수록 예쁘다'는 전제가 옳다고 하더라도 한정없이 높일 수는 없다. 코를 무리하게 높이면 보형물의 지지도가 약해져서 주저앉을 수 있다.

코 성형 수술을 고민한다면 다음 세 가지를 가슴에 새겨야 한다.

첫째, 코가 높아진다고 다 예뻐지는 것은 아니다.

앞에서도 언급했지만, 동양인의 얼굴은 넓고 편평해서 코를 많이 높인다고 해서 예뻐지지도 않을 뿐더러 너무 높였다가는 지지도가 낮아져서 내려앉을 수도 있다.

둘째, 얼굴과 조화가 가장 중요하다.

코는 얼굴에서 유일하게 입체감을 주는 부위이므로 코를 성형하는 것은 얼굴 전체를 손보는 것과 같다. 코 성형 수술을 고민한다면 얼굴 전체 조화를 특히 고민해야 한다.

셋째, 코 성형은 단순히 높이기만 하는 수술이 아니다.

코 성형 수술은 코의 시작점, 길이, 각 부분의 각도와 코끝의 모양까지 모든 것을 고려해야 한다.

서양인의 미적 기준을 우리 동양인들의 골격에 적용하니 무리가 따를 수밖에 없다. 이 점을 유념하며 적당히 타협점을 찾는 것이 성공적인 성형 수술 결과를 얻는 지름길이다.

전문의와의 서일범 원장
카운슬링 코 성형에 관해 궁금한 모든 것

코 성형에서 가장 중요한 것은 무엇인가요?

비율입니다. 코 수술을 할 때는 무엇보다도 얼굴과 조화를 이루는 것이 중요합니다. 예를 들어 얼굴이 긴 사람은 콧구멍이 약간 들린 코가 어울립니다. 얼굴이 덜 길어 보이거든요. 그런 분들이 콧구멍을 보이지 않게 해달라고 하면 저는 수술을 해주지 않습니다. 수술 방법은 쉽지만 오히려 얼굴의 조화를 망치기 때문입니다.

김태희나 한가인 코가 누구나에게 어울리는 것은 아닙니다. 사람마다 골격이 다르고 목적하는 미의 기준도 다르니까요. 전형적인 미모라는 것이 있지만, 본인과 어울리는 것이 가장 중요합니다.

연예인 얼굴을 부위별로 조합하면 예뻐질 수 있을 것이라는 생각은 착각인가요?

부위별로 비율을 맞추면 아름다워질 수 있습니다. 하지만 다른 부위는 생각하지도 않고 어느 연예인의 코랑 똑같이 만들어달라고 주문하는 것은 옳지 않습니다. 차라리 비율상 코가 너무 낮으니까 조금 높이는 쪽으로 결정하는 것이 좋습니다.

관상 때문에 얼굴을 고치는 것에 대해서는 어떻게 생각하세요?

실제로 관상을 바꾸려고 얼굴을 고치는 분들도 있습니다. 그런 사람들에게는 이렇게 얘기합니다. "관상을 고친다고 인생이 달라질까요?" 저는 관상을 고치는 것에 대해 좋다, 나쁘다 말할 수 없습니다. 전공이 관상도 아니고, 다만 의학적으로 안전하고 아름답고 조화로운 얼굴을 추구하니까요. 관상학적으로는 인중이 길면 좋다고 하는데 실제로 인중이 길어서 예쁜 사람은 못 봤습니다.

보형물이 튀어나는 경우도 있나요?

옛날에는 코끝까지 보형물을 넣어서 그런 문제가 발생했습니다. 요즘은 연골 등 자가 조직으로 코끝을 수술하기 때문에 그런 문제가 없습니다.

코가 내려앉는 경우도 있나요?

코 수술을 받았다고 해서 코가 약해지지는 않습니다. 하지만 교통사고를 당한다든가 큰 충격을 받으면 코가 무너질 수밖에 없습니다. 코 성형 수술을 받지 않은 사람도 내려앉을 충격이라면 더욱 그렇겠죠. 수술을 받았다고 코의 내구도가 약해져서 더 쉽게 내려앉거나 부러지는 일은 없습니다.

필러 시술이 대세인 것 같은데 자연스러운가요?

필러는 한정된 부위를 고칠 때 유용한 재료입니다. 코끝을 조금 높이려고 할 때는 필러가 도움이 많이 됩니다. 하지만 뭉뚝한 코처럼 손이 많이 가는 경우는 필러로 시술할 수 없습니다.

코 필러의 단점이 있다면?

필러로 미간을 채우기는 좋지만 코끝을 채우기에는 부족합니다. 혈액순환에도 영향을 미쳐서 코끝이 빨개지는 문제도 발생할 수 있고요. 이물질이기 때문에 염증이 생길 가능성도 조금 있습니다. 가장 큰 문제는 영구적이지 않다는 것입니다. 1년 반 정도가 지나면 필러가 없어지므로 다시 시술을 해야 합니다.

피부가 얇거나 코가 아주 많이 낮은 분들이 수술하면 보형물이 비치나요?

적당히 높이고 지나치지만 않으면 비치지 않습니다.

보형물에 따르는 부작용도 있나요?

보형물은 이물질이므로 염증을 일으킬 수 있습니다. 철저하게 예방하는 수밖에 없습니다. 소독을 하거나 약을 먹는 등의 관리를 하면 염증이 생기는 경우는 거의 없습니다.

코 수술 후에 안경을 끼면 안 되나요?

코가 자리 잡기 전까지는 끼지 않는 것이 좋습니다. 코에 변형을 줄 수 있기 때문입니다. 보통 3, 4주는 끼지 못하게 합니다.

코를 높일 수 있는 한계치가 있나요?

환자의 피부 두께나 연골의 발달 정도, 얼굴 비율에 따라 다릅니다. 미간이 좁거나 이마가 넓은 사람은 코를 많이 높이면 비율이 망가지기 때문에 적당히 높여야 합니다. 체형이나 피부 타입과 두께에 따라 다르기도 합니다.

코 수술 중에 가장 힘든 수술은 무엇인가요?

휜 코 교정술입니다. 코뼈는 연골이라서 움직이고 휘어집니다. 고정되지 않는 연골로 자리를 다시 잡도록 해야 때문에 다른 수술에 비해 난이도가 높습니다. 휜 코 교정술이 코 수술의 꽃입니다.

매부리코는 콧등을 깎아야 하나요, 채워 넣어야 하나요?

대부분은 깎아야 합니다. 뼈를 깎아낸 부분에 보형물을 넣는데, 이때 코가 낮아 보이고 아바타처럼 투박하게 보이는 것을 막기 위해 절골을 해서 모으는 등의 조치를 합니다. 실제로 매부리만 깎았다가 나중에 따로 보형물을 넣는 사람이 많습니다. 안 그러면 코가 낮아 보이니까요.

휜 코로 기능상 문제가 있을 때 성형외과와 이비인후과 중 어디를 선택해야 하나요?

외형을 고치고 싶으면 성형외과로, 숨 쉬는 데 문제가 있으면 이비인후과로 가는 것이 좋습니다. 성형외과도 기능적인 부분을 개선할 수 있지만, 기능보다 미용을 우선시하거든요.

수술 후에 코가 빨개지나요?

본인의 한계 이상 코를 높여놨기 때문에 혈액순환에 문제가 생겨서 빨개지는 경우가 많습니다. 그것을 해결하려면 코를 다시 낮춰야 하는데 그렇게 하는 사람은 없습니다. 차라리 빨개지고 말겠다고 하는 분들도 있고요. 코를 다시 낮추지 않더라도 빨개지는 것을 해결하기 위해 진피를 깔아준다든지 연골을 더 깔아준다든지 하는 방법도 있으니 크게 걱정하지는 않아도 됩니다.

코 성형 후 흉터는 안 생기나요?

코 수술은 흉터가 생기는 경우가 거의 없습니다. 코 기둥에 약간 흉터가 생길 수도 있지만 시간이 지나면 거의 보이지 않습니다.

코 수술 후에 코를 풀어도 되나요?

2, 3주가 지나기 전까지는 조심해야 합니다. 코를 쥐어짜거나 하면 코에

변화가 있을 수 있으니까요. 조심스럽게 풀면 괜찮습니다.

코 수술 후 언제쯤 일상생활이 가능한가요?

요새는 성형 수술이 흉이 아니라서 수술 다음날부터 코에 반창고를 붙이고 백화점으로 돌아다니는 사람들이 많습니다. 그 정도를 감수할 수 있다면 수술 즉시 일상생활이 가능합니다.

많이 걸어 다니고 활동하는 것이 회복에 도움이 됩니다. 아파서 수술받은 것이 아니기 때문에 누워 있을 필요는 없습니다.

줄기세포 이식 수술이라는 것은 무엇인가요?

지방에서 줄기세포를 추출해서 수술하는 것으로 대중화되지는 않았습니다. 지금은 발전 단계에 있어서 널리 쓰이는 방법은 아닙니다. 이물질을 사용할 때보다는 위험하지 않지만 줄기세포를 통해 지방이 어느 정도까지 늘어날지 예측하기가 어렵습니다. 정확한 결과를 예측할 수 없다는 점에서 회의적입니다.

코를 높이면 눈이 몰려 보이나요?

그렇지 않습니다. 코를 높이면 주위 피부가 당겨질 것 같아서 그런 생각을 할 수 있지만, 사실은 피부가 융기되는 것이랍니다.

수술 후의 모습을 예측해서 보여주나요?

한때 가상 성형으로 수술 후의 모습을 예상해보는 것이 유행했는데 실제 결과와 많이 달라서 지금은 많이들 이용하지 않는 것으로 알고 있습니다. 저 역시 참고하기 위해 혼자서만 봅니다. 수술로 사람의 몸을 포토샵처럼 마음대로 바꿀 수 없는데도 허황된 기대를 하는 사람들이 있기 때문이죠. 사람들은 수술 결과가 가상 성형과 조금이라도 다르면 속았다고 생각합니다.

귀에서 연골을 잘라 코를 높이면 귀 모양이 이상해지지 않나요?

큰 문제는 없습니다. 문제가 있다면 모든 의사들이 귀에서 연골을 떼내지 않겠지요. 문제가 없는 선에서만 수술을 합니다.

코 수술을 하면 콧구멍도 모양이 바뀌나요?

네, 바뀝니다. 요즘은 동그란 콧구멍보다 뾰족한 콧구멍을 원해서 그렇게 바꾸어 드립니다.

최상의 효과를 얻는
코 성형 후 관리법

약물

수술 전과 마찬가지로 지혈을 방해하는 호르몬 제재나 아스피린은 복용을 삼간다. 염증이 생기지 않고 수술 상처가 빨리 낫도록 병원에서 처방해주는 약은 시간을 잘 지키며 복용한다.

술 & 담배

술이나 담배, 지나친 기호식품은 상처를 더디 아물게 하므로 삼간다. 불가피한 경우 3주 뒤부터 이용한다.

통증

수술이 끝난 뒤 2, 3일은 통증이 느껴지는데 진통제가 아무런 효과가 없을 경우 의사에게 상의한다. 혈종으로 생기는 통증은 적절한 조치를 하면 가라앉는다.

목욕 & 세안

• 실밥을 푼 뒤에는 세안이나 화장을 해도 된다. 즉, 코 주위에 물이 닿는 것은 실밥을 뽑은 다음날부터 가능하다. 하지만 하루, 이틀 더 지나서 피부에 난 실구멍에 완전히 살이 올라왔을 때 하는 것이 더 좋다.

• 세안 시 코를 제외한 부위는 밖에서 안쪽으로 닦고 코 부위는 거즈에

비누를 묻힌 후 닦아내도록 한다.

- 입욕이나 샤워도 금지된 기간에는 하지 않도록 한다.
- 머리는 5일 후에 감되, 가볍게 물로 헹궈내는 기분 정도로 그친다. 코에 물이 닿지 않도록 한다.

부기

얼굴 부분을 성형한 후에는 부기가 잘 빠지도록 5일 정도 머리를 심장보다 높게 해준다. 자기 전에는 수분을 섭취하지 않는다. 부기는 3, 4일 후면 거의 가라앉고, 2주일 후면 완전히 사라진다.

장비

- 수술 후 코에 붙인 반창고나 부목은 6, 7일 후에 제거한다.
- 코 안에 패킹을 넣었을 경우 수술 후 6시간이 지나서 빼고, 코의 변형이 심하면 수술 다음날 제거한다.
- 코 안에 부목을 삽입했을 경우 14일 후에 제거한다.
- 코 밖으로 수술한 경우 6, 7일 후에 실밥을 뽑는다.

기타

- 4주 정도까지는 코에 물리적인 힘을 가하지 않도록 한다. 안경은 4주

정도 후에 쓰는 것이 좋다. 코는 수술 후 일주일 뒤에 가볍게 풀 수 있다. 2주가 지나면 세게 풀어도 된다.

- 수술 후 멍이 생긴 부위에 직사광선을 받으면 색소 침착으로 기미 등이 생기므로 자외선 차단제를 바르거나 모자를 쓴다. 멍은 2, 3주 정도 지나면 사라진다.
- 코 안이 답답할 때는 과산화수소를 면봉에 묻혀 닦아낸다.
- 일반적인 운동은 3주 정도 지난 후에 한다.

 ## 쉬어가는 이야기 미켈란젤로의 코, 미켈란젤로가 만든 코

르네상스 시대의 슈퍼 스타이며, 인류 문화사에 한 획을 그은 미켈란젤로. 건축가이자 화가이고 조각가이며 시인인 이 천재 예술가를 모르는 사람은 없을 것이다. 그의 작품을 보기 위해 전 세계 관광객들이 이탈리아로 가는 것을 보면 예술의 위대함을 다시 한 번 실감할 수 있다.

완벽에 가까운 인체 비율을 자랑하는 다비드상은 콧날이 오똑하지만 정작 그 작품을 조각한 미켈란젤로의 코는 납작했다. 그것도 뼈가 형편없이 주저앉아 볼품없었다. 납작코가 된 것은 어디까지나 미켈란젤로의 과실(?) 때문이었다.

르네상스의 위대한 후원자였던 메디치 가문은 자신들의 저택 정원에 고대 조각품들을 수집하여 장식했다. 그리고 예술가 지망생들을 모아 이 정원에서 공부하게 했다. 미켈란젤로도 메디치가의 장학금을 받으며 정원에서 수학했다. 미켈란젤로와 함께 수학하던 이들 중에는 훗날 헨리 7세와 엘리자베스의 무덤을 웨스트민스터 수도원에 건립한 것으로 유명한 피에트로 토리지아노 (Pietro Torrigiano)도 있었다. 그의 이름이 더 유명해진 것은 미켈란젤로의 코를 박살낸 주먹 때문이었다.

사건의 전말은 의외로 단순하다. 자신의 드로잉을 보고 놀리는 미켈란젤로의 코를 격분한 토리지아노가 때려 주저앉게 했다. 토리지아노는 메디치가의 분노가 두려워 정원을 빠져나와 이탈리아를 방황하게 됐고, 미켈란젤로는 평생 주저앉은 납작코로 살아야 했다.

르네상스 최고의 예술가로 추앙받는 미켈란젤로가 만든 수많은 예술품은 인체의 아름다움과 균형미를 최대한 살린 걸작들이다. 특히 최고의 신체 비례와

또렷한 이목구비를 지닌 다비드상은 이후 예술을 공부하는 이들에게는 교과서 그 자체가 되었다. 그러나 정작 미켈란젤로 본인의 코는 납작하게 찌그러져 흔적만 겨우 확인할 수 있을 정도였다니 안타깝지 않은가?

오늘날 수많은 성형외과 전문의들이 고충을 토로한다.

"사람의 몸은 찰흙이 아닙니다. 그런데도 사람들은 자신들을 찰흙처럼 빚어내기를 원합니다. 난감하죠."

사람의 몸은 예술 작품 수준으로 자유자재로 떼었다 붙였다 할 수 없다. 사람의 몸을 다듬을 수 있지만 미켈란젤로처럼 완벽하게 이상형을 만들 수 없는 성형외과 의사들, 그리고 지구상에서 가장 아름다운 코를 만들었지만 정작 자신의 코는 볼품없었던 미켈란젤로. 과연 누가 더 행복할까?

PART 06

아름다운 얼굴형
만들기, 안면윤곽술
- 솔루션 3

최근 V라인의 갸름한 얼굴형이 대세가 되면서 턱을 심하게
깎아달라고 요구하는 사람들이 많다. 그러나 트렌드는 계속해서 변하고,
턱은 말하고 씹는 역할도 하므로 무리하게 수술하지 말아야 한다.

얼굴 크기에 대한 오해

사람들은 보통 작은 얼굴은 예쁘고, 큰 얼굴은 흉하다고 이야기한다. 얼굴은 자로 재어 보면 과연 확연하게 크고 작은 차이를 보일까?

그렇지 않다. 우리가 생각하는 큰 얼굴, 작은 얼굴은 착시로 느껴지는 것일 뿐이다. 실제로 작은 얼굴은 폭이 좁고, 큰 얼굴은 폭이 넓다. 그러나 얼굴 크기는 가로, 세로의 비율과 윤곽에 따라 달리 느껴진다.

얼굴 크기에 착시를 유발하는 요소는 얼굴 폭뿐만 아니라 윤곽, 이목구비의 비율과도 연관이 있다. 눈, 코, 입이 도드라지면 상대적으로 얼굴이 작아 보인다. 눈과 코가 큰 서양인들이 상대적으로 얼굴이 작아 보이는 것도 이런 이유에서다. 균형 잡힌 얼굴이 실제로 작고 예뻐 보인다.

기원전 400년경 그리스. 아크로폴리스에 있던 건축물 대부분은 기원

전 492년에 일어났던 페르시아 전쟁으로 무너진 상태였다. 페르시아의 공격을 막아낸 것을 기념하고 그리스의 자존심을 세우기 위해 파르테논 신전이 아테네에 새로 건립됐다. 아테네의 수호신인 아테나를 모신 파르테논 신전에는 높이 12m의 아테나 여신상이 들어섰다. 당시 가장 유명세를 떨치던 조각가 페이디아스가 여신상의 제작을 맡았는데, 철학자 플라톤과 설전을 벌였다.

"아테나 여신상의 얼굴 비율이 엉망이지 않소!"

플라톤이 먼저 불만을 토해냈다. 플라톤은 이데아라고 하는 진리와 법칙이 존재한다고 생각했기에 아름다움은 정확한 수학적 비례에서 나온다고 믿었다. 페이디아스는 플라톤의 말에 반박했다.

"아니오, 이 여신상은 아래에서 쳐다 볼 때 가장 아름다운 비율로 만들었소."

12m나 되는 거대한 여신상은 아래에서 올려다보면 원근감 때문에 얼굴이 작아 보일 수밖에 없었다. 페이디아스는 아래에서 위로 올려다볼 때 얼굴이 지나치게 작아 보이지 않도록 일부러 여신상의 얼굴을 크게 만들었다고 했다.

플라톤은 페이디아스의 계산이 속임수라고 생각했다. 그리고 아름다움은 대상 자체의 비율에서 나오는 것이지 눈에 맺히는 상에서 나오는 것이 아니라고 주장했다. 정상적인 비율로 여신상을 만들었는데 밑에서 올려다보니 얼굴이 작고 부자연스럽게 느껴진다면 보는 사람이 잘못됐다고 했다.

그러나 결국 아테나 여신상은 페이디아스의 원안대로 만들어졌다. 아테네 시민들은 아테나 여신상을 보며 흡족해 했다. 비록 수학적인 비례는 맞지 않아도 시민들에게는 큰 문제거리가 되지 않았다. 플라톤이 속임수라 여겼던 비율상의 융통성에 대해 시민들은 이렇게 반응했다.

"그럼 뭐 어때? 보기에 좋으면 됐지."

그들에게는 보이는 것이 전부였다.

아름다운
얼굴이란

세월이 흐르면서 미의 기준이 달라지고 선호하는 얼굴형도 바뀌고 있다. 과거에는 둥근 형태의 계란형에 오목조목한 눈과 코를 지닌 얼굴이 미인의 기준이 되었지만, 서양 문화가 확산되면서 이목구비가 뚜렷한 갸름한 얼굴형이 미인의 기준이 되고 있다.

아름다운 얼굴은 전체적으로 조화롭고 균형이 잡혔으며, 좌우가 대칭을 이루어야 한다. TV를 보면 황금비율을 논하면서 연예인들의 얼굴을 수학적으로 분석하는 프로그램이 종종 나온다. 얼굴이 가장 아름답게 보이는 황금비율은 다음과 같다.

- 이마에서 눈썹까지 길이 : 눈썹에서 코끝까지 길이 : 코끝에서 턱끝까지 길이 = 1 : 1 : 1~0.9
- 얼굴 폭 : 가로 길이 = 1 : 1.2

- 눈과 입 사이의 수직 거리 = 전체 얼굴 길이의 36%
- 눈과 눈 사이의 수평 거리 = 얼굴 폭의 46%

　아름다움이 비율과 조화를 기초로 하는 착시에서 비롯한다면 아름다움에 가장 많이 관여하는 것은 얼굴 윤곽일 것이다. 눈, 코, 입이 각각 이상적인 형태라고 해도 그 부위들이 배치될 큰 틀인 얼굴 윤곽이 이상적이지 않은 이상 아름답게 보일 수 없다. 얼굴 윤곽은 아름다운 얼굴의 기초가 되는 틀이요 대들보이다.

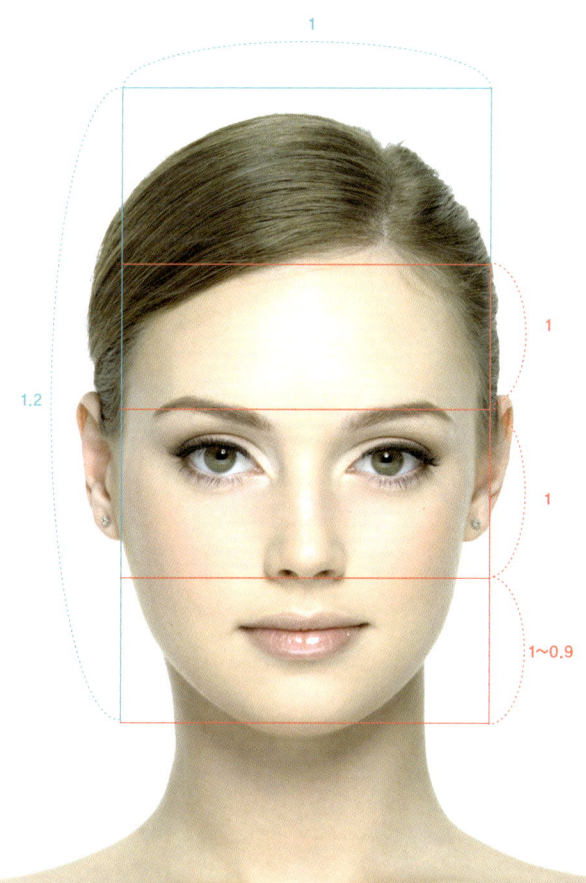

이상적인
턱이란

정상적인 안면윤곽을 지닌 사람들의 특징은 다음과 같다.

- 웃을 때 윗니가 적절히 보인다.
- 얼굴 비율이 적절하다.
- 입술이 조화를 이룬다.
- 윗니가 아랫니를 덮는다.
- 이가 가지런하다.

위 조건에 모두 해당할 경우 정상적이고 이상적인 턱이라고 볼 수 있지만, 그렇지 않은 경우 주걱턱, 무턱, 부정교합 등을 의심할 수 있다. 턱 구조는 대부분 유전된다.

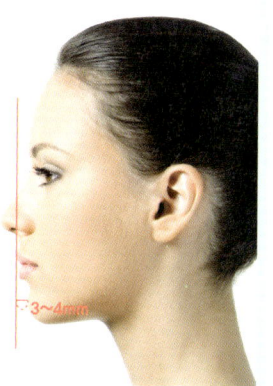

1. 코기둥과 윗입술을 수직으로 그은 선보다 3~4mm 정도 뒤에 턱이 있다.

S라인

2. 턱선이 뾰족하지 않으면서 부드러운 S라인을 이룬다.

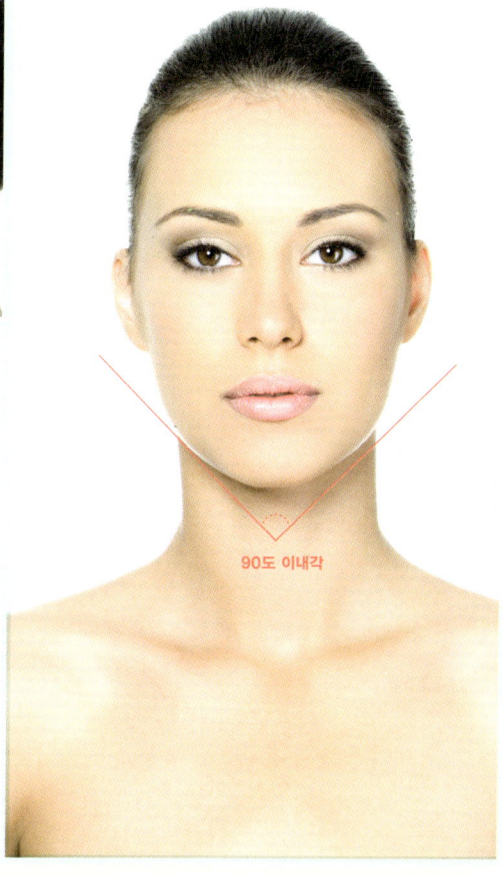

90도 이내각

3. 정면에서 보는 턱끝 모양이 V라인을 이루는 것이 이상적이며, U라인보다는 90도 이내 각을 이루는 것이 바람직하다.

유형별
안면윤곽술

안면윤곽 수술의 목적은 얼굴 크기를 줄이는 것보다는 얼굴 비율을 교
정함으로써 부드러운 인상으로 만들어주는 것이다.

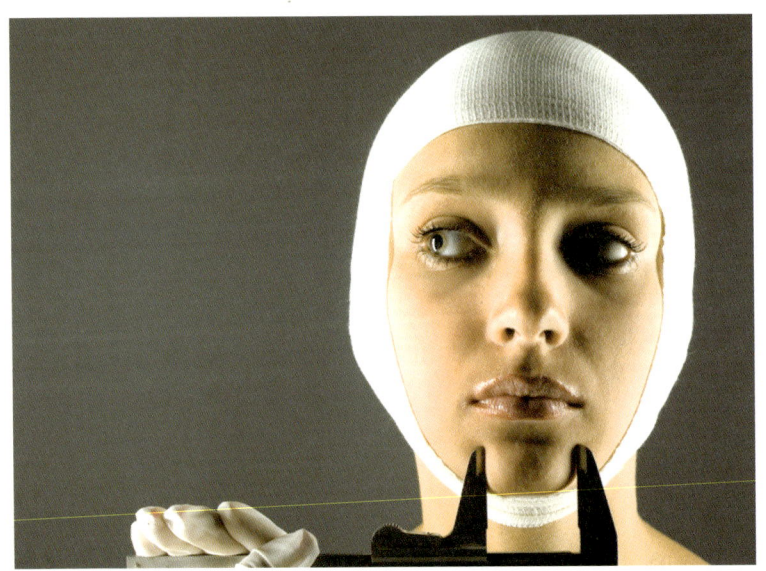

턱이 주걱처럼 나왔어요

아래턱이 과도하게 성장하거나 위턱의 성장이 부진한 경우 혹은 두 가지 모두인 경우 주걱턱이 된다. 아래쪽 어금니가 위쪽 어금니에 비해 전방에 있는 경우 주걱턱이라 한다. 심한 경우 옆모습을 봤을 때 턱 끝이 코 끝보다 앞에 나오기도 한다.

일반적으로 튀어나온 턱 전체를 뒤로 후퇴시키기 위해 아래턱의 뒷부분을 분할하여 겹치게 하고 고정하는 시상분할 절골술을 시행한다. 시상분할 절골술은 수술 후 뼈가 다시 붙는 데 필요한 뼈와 뼈 사이 접촉면이 넓어서 치유가 빠르고 미용적으로도 결과가 우수하다. 여러 가지 주걱턱 교정술 중에서 제일 선호하는 방법이다.

주걱턱 교정술로 턱이 뒤로 들어가면 턱이 짧아지고 얼굴이 작아 보여서 옆모습뿐 아니라 앞모습도 몰라지게 예뻐지는 드라마틱한 미용 효과가 있다. 또 교합이 좋아지고 악관절에 주는 부담을 줄이는 기능적 효과까지 얻을 수 있다.

보통 얼굴 주걱턱

얼굴 길이는 정상이나 주걱턱인 경우다. 아래턱의 양 끝을 잘라낸 후에 후방으로 이동시켜 뼈가 겹치게 하는 샌드위치 절골법으로 교정한다. 하악 신경과 턱 관절을 보호하는 기법이다. 턱뼈를 후방으로 이동한 후 필요할 경우 사각턱 수술도 병행하여 부드러운 이미지를 만든다.

짧은 얼굴 주걱턱

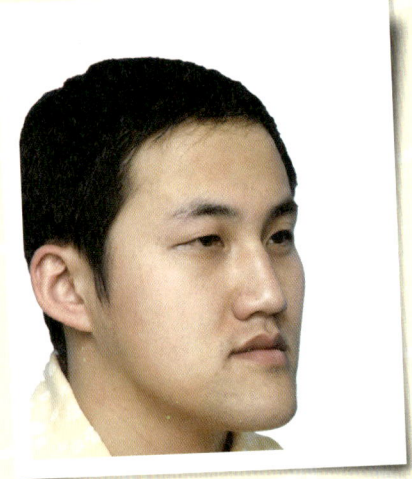
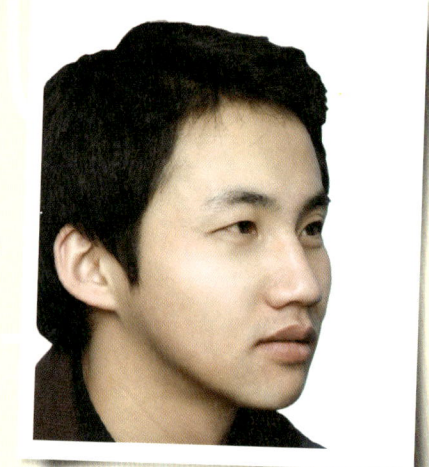

긴 얼굴 주걱턱

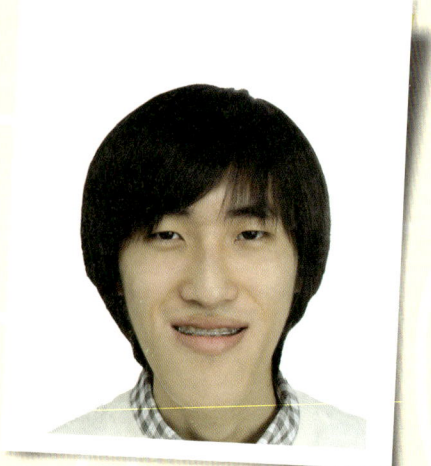
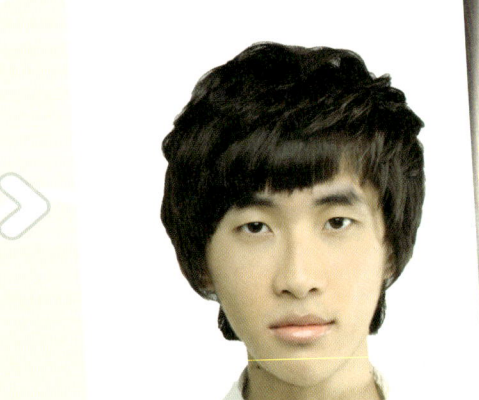

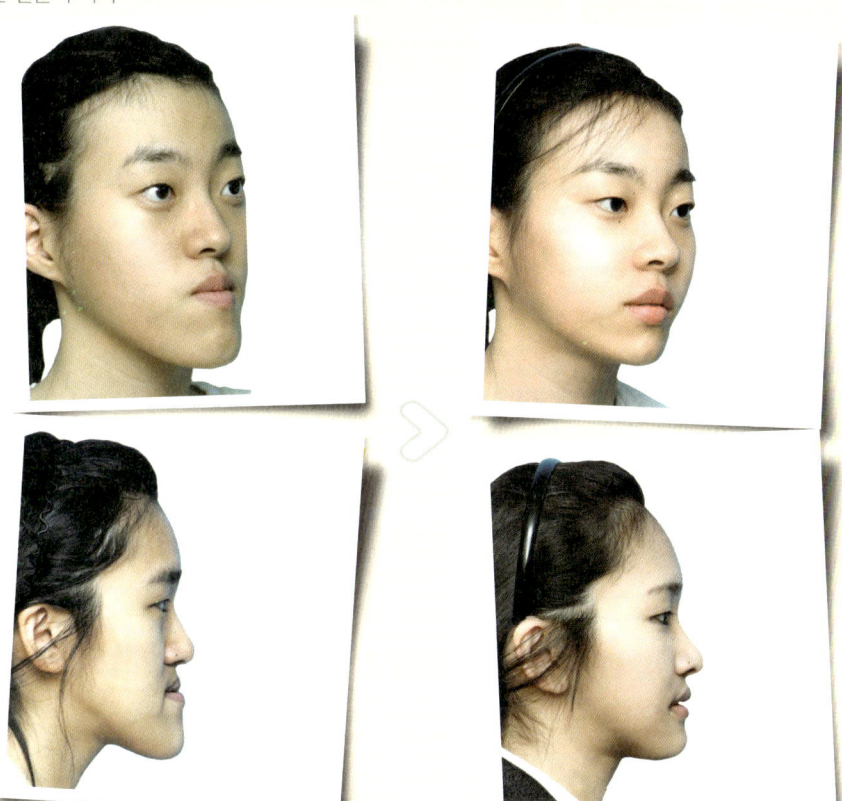

긴 얼굴 주걱턱

짧은 얼굴 주걱턱

아래턱이 주걱턱이고 위턱의 길이가 정상인 경우이다. 아래턱이 위턱보다 크기 때문에 위턱이 작고 들어가 보인다. 위턱을 앞으로 이동시키면서 길어지게 하고 아래턱은 뒤로 이동시키는 방식으로 수술한다. 아래턱은 앞서 말한 보통 얼굴 주걱턱과 같이 좌우를 잘라내어 뒤쪽으로 이동시키고, 위턱은 가로로 잘라낸 후 길어지도록 한다.

긴 얼굴 주걱턱

아래턱이 주걱턱이고 위턱도 긴 경우이다. 위턱을 축소시키고 아래턱은 들어가게 한다. 긴 얼굴을 줄여주는 수술이 동시에 필요하다. 위턱을 가

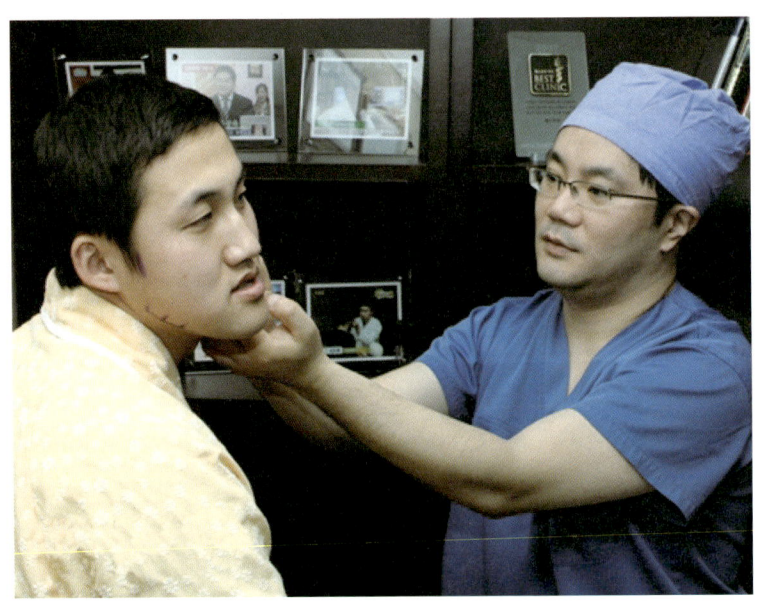

로로 잘라내어 붙이고 아래턱은 뒤로 밀어내어 전반적인 얼굴 길이를
조절한다.

ı 턱이 없는것 같아요 작은턱(무턱) 교정술

무턱이란 턱 끝이 뒤로 빠지거나 길이가 충분하지 못해 얼굴이 짧아 보
이는 것을 말한다. 보통 목과 아래턱의 경계가 불분명하여 '새턱'이라고
도 한다. 주걱턱에 비해 나타나는 빈도가 적다. 보통은 불편을 모르고 생
활한다.

　무턱은 아래턱의 크기가 정상보다 작아 위 치아와 위턱이 전방으로
튀어나와 보인다. 입이 튀어나와 보이고 입술을 다물기 어렵다. 이를 교
정하기 위해 고어텍스와 같은 보형물을 삽입하기도 한다. 많은 경우 치
아 교정을 같이 한다.

보통 얼굴 작은 턱

턱 끝 부위만 잘라낸 후 전방으로 이동시켜 보통 얼굴로 보이게 한다.

짧은 얼굴 작은 턱

아래턱 옆면을 잘라낸 후 전방으로 이동시킨다.

긴 얼굴 작은 턱

위턱을 세로로 잘라내어 턱뼈를 떼내고 아래턱은 옆면을 잘라내어 전방
으로 이동시킨다.

무턱 성형 수술 전후 모습

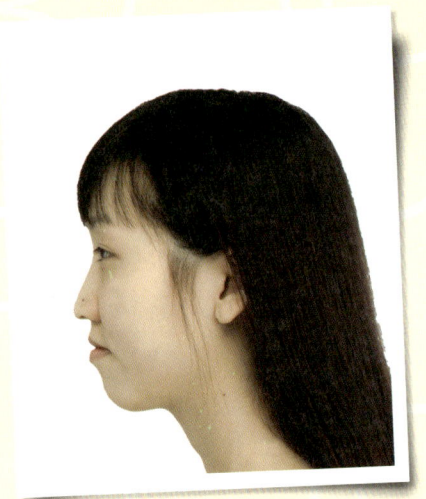 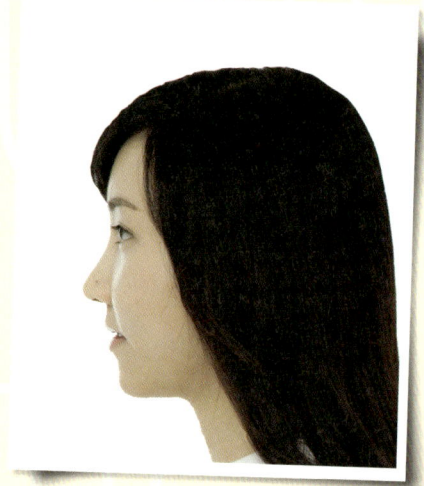

안면비대칭 교정술 전후 모습

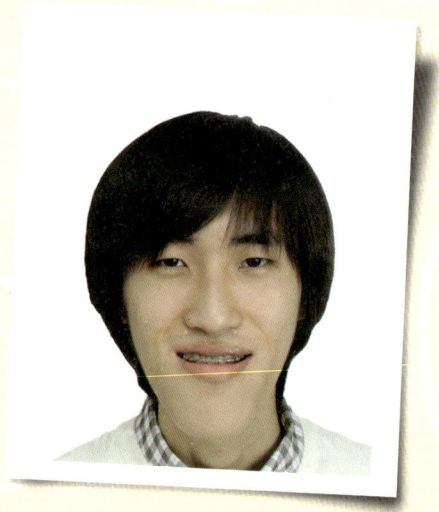 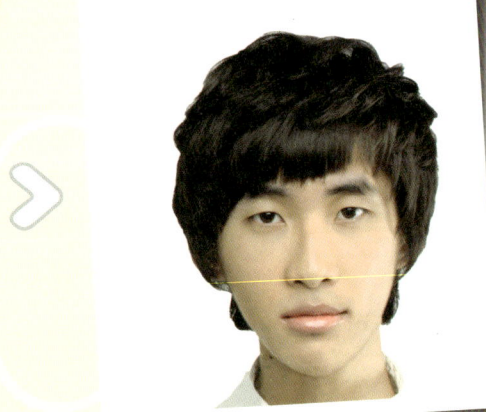

▪ 얼굴 좌우가 달라요

턱이 비대칭이어서 얼굴의 균형이 맞지 않다. 양쪽 턱선과 양쪽 눈의 높이가 다르고 치아 역시 교합이 잘 되지 않은 경우가 대부분이다. 사람의 얼굴은 다 어느 정도 비대칭이지만, 이 경우는 눈에 띄게 심하다.

위턱, 아래턱이 동시에 비대칭인 경우 위턱부터 대칭이 되도록 수술한 후 아래턱을 앞뒤로 이동시켜 위턱과 대칭을 이루게 한다. 추가적으로 비대칭이 남아 있으면 사각턱 수술을 한다.

▪ 턱 모양이 사각이에요

턱 옆면이 발달한 경우 얼굴이 커 보이고 억세어 보인다. 턱 옆면을 깎아내어 부드러운 인상이 되게 한다. 선천적으로 아래턱뼈가 발달한 경우라면 턱뼈를 깎아내야 하지만, 아래턱에 붙어 있는 저작근(음식을 씹을 때 주로 사용되는 근육) 중 하나인 교근이 너무 발달해서 아래턱이 커 보인다면 보톡스로 치료가 가능하다.

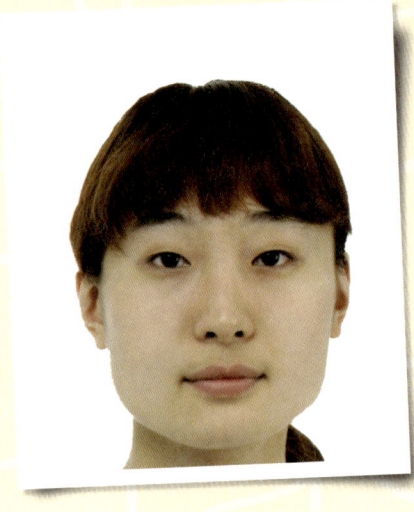

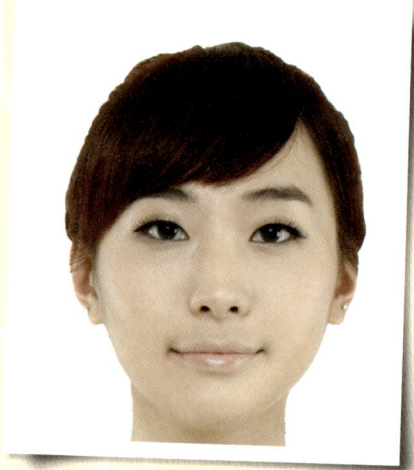

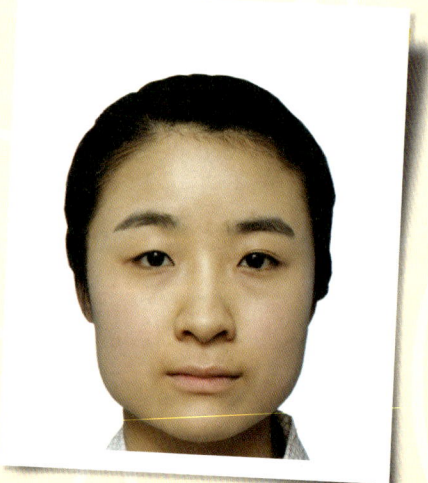

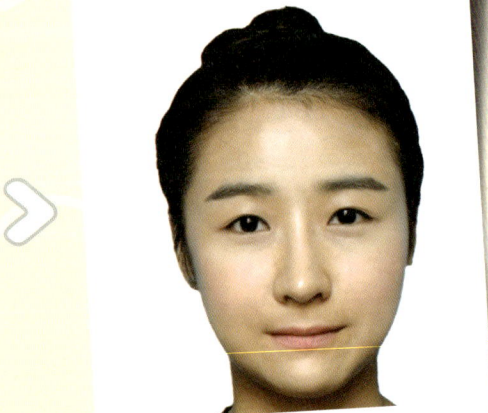

⏐ 입이 튀어나왔어요

턱 끝에 비해 위턱과 아래턱의 치조골 부위가 튀어나온 경우다. 치조골이 돌출되지 않았으면 치아 교정만으로도 해결할 수 있지만, 치조골이 돌출되었으면 치아 교정을 동반한 치조골 절단술을 시행한다. 대부분 경우 아래턱과 위턱을 동시에 수술한다.

⏐ 광대뼈가 튀어나왔어요

동양인들의 경우 광대뼈가 튀어나오면 서양인들과 달리 코가 낮아 보이고 인상이 억세 보인다. 광대뼈를 줄이는 수술은 뼈를 절골하여 안으로 밀어 넣어 고정한다. 절골 부위를 고정하는 나사는 흔적이 전혀 남지 않는다.

돌출 광대뼈와 사각턱 성형 수술 전후 모습

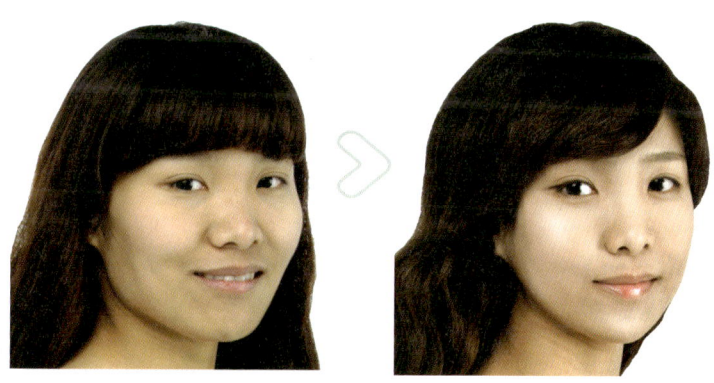

이마가 꺼졌어요

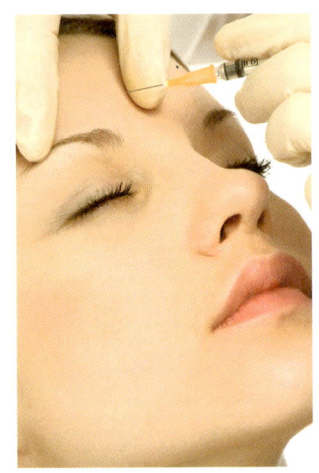

이마가 편평하거나 꺼져 있거나 좁은 경우 이마 확대술을 한다. 이마 확대술은 자가 지방 이식술, 실리콘 보형물 삽입술이 있다. 자가 지방 이식술은 엉덩이와 허벅지 경계 부위에서 지방을 재취하여 이마에 이식하는 안전하고 자연스러운 방법이다. 실리콘 보형물 삽입술은 환자의 이마 형태를 본 떠서 제작한 실리콘 보형물을 두피를 절개한 후 삽입하는 방법으로 반영구적이며 부작용이 적다.

이마에 주름이 많으면 주름으로 깊이 패인 곳에 레스틸렌 같은 물질을 주사해서 피부가 튀어오르게 하거나 근육 자체를 마비시켜 주름을 펴는 보톡스를 주사한다. 시술 방법이 간단하고 곧바로 일상생활이 가능하지만, 일정 시간이 지나면 효과가 떨어지므로 반복해서 시술해야 하는 단점이 있다.

얼굴과 이마에 주름이 많아요

안면부의 조직은 노화 과정을 거치면서 점차 피부가 얇아지고 탄력성이 소실되며 피하지방과 피부의 접착성이 떨어진다. 또한 피부 아래 피하지방, 안면근육, 안면골 조직의 위축성 변화에 따라 피부 늘어짐이 심화되면서 주름이 깊어진다. 요즘 안면부 주름 제거술은 단순히 안면부의 피부에 나타난 주름을 제거할 뿐만 아니라, 노화된 안면부의 연부 조직 및 노화까지도 교정하는 것으로 발전되어 가고 있다.

얼굴 처짐이 심하지 않을 경우 헤어라인 안쪽, 귓바퀴 앞뒤를 따라 절개한 후 피부와 근육 사이를 분리하여 근육을 팽팽하게 하고 필요에 따라 지방을 제거한다. 그 뒤 늘어난 피부의 일부를 제거한 후 봉합한다.

이마 주름은 머리카락 속으로 절개한 다음 늘어진 피부를 당겨 절제하고 봉합한다. 이 수술은 처진 눈꼬리의 주름을 제거하고 내려간 눈썹을 올라가게 하는 효과가 있다. 좁은 이마를 넓게 보이게 하는 효과까지 얻을 수 있다.

피부를 절개하지 않고 얼굴 주름을 펴고 싶어요   퀵 주름 제거술

피부를 절개하고 들어 올리는 대신 최근에 개발된 앱토스라는 실을 피부 아래에 삽입하여 처진 얼굴을 위로 당겨주는 시술이다. 30분 정도면 시술을 마칠 수 있다. 수술 후 회복이 빠르고, 흉터가 남지 않을 뿐 아니라 결과가 매우 자연스럽다.

다음의 경우 이 수술을 권한다.

- 눈 밑에 골처럼 주름이 생겼다.
- 팔자주름이 깊다.
- 눈썹이 처졌다.
- 볼살과 턱선이 처졌다.
- 목선이 늘어졌다.

얼굴 주름 제거술

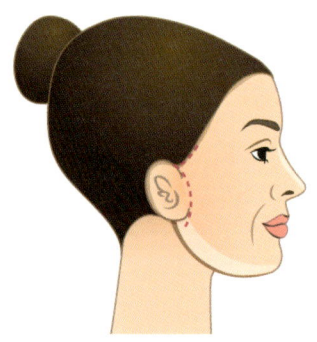

헤어라인과 귓바 퀴를 따라 피부를 절개한다.

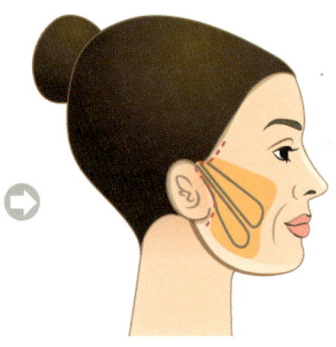

늘어난 피부를 절 제한다.

피부를 위로 당겨 준다.

얼굴 주름 제거술 전후 모습

안면윤곽술에
사용하는 재료

티타늄 플레이트

주로 양악 수술에 사용하는 재료다. 철의 절반 정도 무게지만 강도는 철과 비슷하다. 뛰어난 내식성이 있어서 쉽게 부식되지 않는다. 자성이 없으므로 전자의 간섭을 최소화하는 이상적인 금속이다.

필러

얼굴 윤곽의 모든 주름 제거 및 입술 확대술, 눈 밑 애교살 수술, 꺼진 눈 밑 채우기, 콧대 높이기, 이마에 볼륨 넣기, 무턱 교정 등에 다양하게 사용하는 재료다. 필러 성형의 경우 시술이 끝나면 즉각 효과를 볼 수 있으며 바로 일상생활이 가능하다.

필러는 단 하나의 물질을 의미하는 것이 아니며, 종류가 다양하다. 짧게는 3개월의 지속성을 지닌 것부터 길게는 반영구적인 것까지 있다. 필러의 종류는 다음과 같다.

레디어스

칼슘 하이드록실아파타이트 제제로 콜라겐을 형성하고 풍부한 볼륨감을 나타내준다. 다른 필러에 비해 많이 아프다는 속설이 있지만, 주사 시 국소 마취를 하기 때문에 거의 통증을 수반하지 않는다.

레스틸렌

최초로 FDA 승인을 받은 제품으로 인체 피부 성분과 동일한 히알루론산 성분으로 만들어졌다. 주름 제거, 입술 확대 등 여러 시술에 사용된다. 흔히들 HA필러라고 얘기한다. HA필러 중 가장 먼저 출시했기에 가장 많이 사용되며, 필러의 대명사처럼 통용된다.

매트리덱스

필러 제품 중 가장 많은 히알루론산을 함유하고 있다.

아쿠아미드

필러 중 비교적 오래가는 것으로 수분 함량이 높아 가장 친생물학적이다. 지속 기간이 보통 5년 이상이어서 반영구적이라 볼 수 있다.

아테콜

안정성에 대한 논란이 있기도 했지만, 지속 기간이 매우 길어서 반영구적인 필러 시술을 선호하는 소비자들에게 인기가 많다.

자가혈 필러

주름 제거 시 주로 이용한다. 자신의 혈액을 소량 채취하여 원심분리기로 추출한 플라즈마액을 특수한 과정을 거쳐 겔 형태로 변형시켜 만든 개인 맞춤형 천연 필러다. 주름 제거나 볼륨 확대가 필요한 부분에 주입한다. 흔히 피주사로 불리는 자가 혈필러는 혈소판에 가장 풍부하게 함유된 피부재생 인자를 사용함으로써 필러로서 역할뿐만 아니라 여드름 흉터 완화, 미백, 주름 제거, 기미 완화, 색소 침착 방지, 모공 축소, 탄력 강화 등 근본적인 피부 재생을 유도한다.

쥬비덤

레스틸렌과 마찬가지로 인체에서 자연스럽게 생성되는 물질인 히알루론산으로 이루어졌다. 팔자 주름 제거나 코 필러 등에 많이 쓰인다.

코스모덤

인체 피부를 배양한 조직으로 만든 주입 필러다. 지금까지 이 물질로부터 질병이 전이된 사례는 보고된 바 없다. 리도카인이라는 마비제와 함께 현탁액(액체 속에 미세한 고체 입자가 분산해서 떠 있는 것) 상태로 투여한다. 인체 피부 조직으로 만들어졌으므로 시술 전에 피부 검사를 할 필요가 없다. 효과는 3, 4개월 지속된다. 효과가 약해지면 다시 주입해야 한다.

테오시알

스위스의 테옥산(Teoxane)이라는 회사에서 만들었다. 성분은 레스틸렌과 동일한 히알루론산과 수분이지만, 함류량이 높아서 다른 히알루론산 제품에 비해 효과가 지속되는 기간이 1년에서 1.5년 정도로 길다. 테오시알 메조, 테오시알 30G, 테오시알 27G 등의 종류가 있어 부위와 적응증에 따라 달리 사용한다.

플라즈마겔

자가혈 필러의 한 종류다.

ㅣ 보톡스

보톡스는 보툴리눔 독소 A형의 상품명이다. 보툴리눔 독소는 클로스트리디움 보툴리눔이라는 혐기성 박테리아에서 분비되는 독소로 모두 일곱 가지 종류가 있다. 이중 보툴리눔 독소 A형과 B형이 정제되어 의학적으로 사용된다. 이 독소는 운동 신경 말단에서 아세틸콜린 분비를 억제하여 근육을 마비시킨다. 초기에는 눈꺼풀 경련, 사경(목의 근육이 수축하여 목이 한쪽으로 기운 듯 부자연스러운 상태)과 같은 근육 긴장 이상을 치료하는 약재로 사용했다. 그러던 중 보툴리눔 독소를 주입한 부위의 주변에 주름이 없어지는 것을 발견하고 미용 주름 치료에 이용하기 시작했다.

안면윤곽 성형 전 이것만은 잊지 말자

성형 수술 중 가장 확연한 변화를 느낄 수 있는 것은 안면윤곽술이다. 반대로 기대치가 높기 때문에 환상에 빠지기 쉬운 것 역시 안면윤곽술이다. 모든 부위가 그렇지만 자신이 목표하는 변화가 무엇이며, 수술을 통해 교정이 가능한 수준이 어느 정도인지 모른다면 아무리 수술 결과가 좋아도 불만족스러울 수밖에 없다.

다른 부위는 절개나 보형물 삽입등으로 비교적 복구가 용이한 데 비해, 턱은 한 번 깎아내고 나면 원상태로 복구하는 것이 불가능에 가깝다. 비용 역시 다른 부위에 비해 상대적으로 높다. 막연하게 안면윤곽술을 받으면 예뻐진다는 기대만으로 수술을 결정하는 것은 절대 금해야 한다.

안면윤곽술을 생각하고 있다면 아래 사항을 깊게 생각하기 바란다.

첫째, 안면윤곽술은 얼굴 크기를 줄이는 수술이 아니다.

유독 한국인은 얼굴 크기에 집착하는 경향이 강해서 얼굴이 작으면 예쁘고, 크면 못생겼다고 생각한다. 그러다 보니 수술의 목표가 예뻐지는 것이 아니라 '작아지는 것'으로 변질되는 경우가 종종 있다. 얼굴이 작아졌으면 하는 이유는 작은 얼굴을 통해 예쁘게 보이고 싶어서인데, 최종 목표를 망각하고 작은 얼굴에만 집착하는 것은 주객이 바뀌는 것이다.

둘째, 수치에 집착하지 않는다.

수술을 받고 난 후에 끊임없이 거울을 들여다보고 자로 재어보는 사람들이 있다. 비율과 숫자는 아름다움을 연출해내기 위한 참고사항일 뿐 절대적인 것이 아니다.

정상적인 사람의 얼굴도 어느 정도는 비대칭이다. 확연하게 눈에 띄는 비대칭은 수술로 교정해야겠지만, 1~2mm의 비대칭까지 교정할 수는 없다. 수술 후에 비대칭으로 스트레스를 받는 경우가 있는데, 너무 집착하면 강박증이 될 수 있다. 아무리 성형 수술을 받는다고 해도 밀리미터 단위로는 좌우가 대칭인 얼굴을 만들 수는 없다는 것을 인식하고 무리한 환상은 품지 말기 바란다.

셋째, 치아 교정도 해야 하는 것은 아닌지 생각해야 한다.

부정교합인 사람의 경우 치아 교정으로 기능상의 문제만 해결할 것인지, 미용을 위해 양악 수술도 할 것인지 잘 판단해야 한다. 치아 교정 후에 양악 수술을 하면 다시 치아 교정을 해야 하는 경우가 생길 수 있다. 치아 교정만으로는 큰 효과를 볼 수 없어서 양악 수술과 병행해야 하는 경우도 있다. 상담을 통해 어떤 순서로 양악 수술과 치아 교정을 할지 계획해야 한다.

넷째, 성형 순서를 잘 따라야 한다.

여러 부위를 수술할 경우 양악 수술을 하고 난 다음에 이목구비를 고치는 것이 정상적인 순서다. 이전 얼굴형에 맞춰 눈, 코를 먼저 수술하고

V라인 얼굴

난 후 양악 수술을 하면 부자연스러울 수 있다. 집을 지을 때도 대들보를 세운 후에 벽을 얹어나가듯이 성형 수술에도 올바른 순서가 있다.

　다섯째, 후회를 낳는 무리한 수술은 하지 않는다.

　얼굴형에 대한 미적 기준이 시대별로 달라지면서 O자형 혹은 계란형 얼굴에서 V라인의 갸름한 얼굴이 대세가 되었다. 요즘에는 예전처럼 자연스럽게 턱을 깎기보다는 확연한 차이를 느낄 수 있도록 해달라고 요구하는 사람들이 많아지고 있다.

　그러나 앞으로도 트렌드는 계속해서 변할 것이다. 잘라낸 턱뼈는 다시 붙일 수 없는 데다 말하고 씹는 기능적인 역할도 담당하므로 과하게 수술하지 않는 것이 좋다.

　성형 수술이 보편화되면서 마치 쇼핑을 하듯, 머리를 새로 하듯 접근하는 사람들이 늘고 있지만 엄연히 '수술'이라는 점을 인식해야 한다. 자신의 몸에 칼을 대고 변형하는 것인 만큼 언제나 신중해야 한다. 신체에 변화를 준다는 것은 차를 사고 집을 사는 것보다 더 중요한 일이다. 수술에 대한 정확한 정보를 수집하고, 좋은 병원을 찾아 발품을 팔아야 한다. 매력은 극대화하고 단점은 최소화하는 올바른 수술을 받는 것이 자신에 대한 최소한의 예의가 아닐까?

전문의와의 **카운슬링** 유상욱 원장

안면윤곽술에 관해 궁금한 모든 것

안면윤곽 수술을 하면 얼굴의 이상적인 비율을 맞출 수 있나요?

보이는 비율은 맞출 수 있습니다. 두상은 맞출 수 없지만, 다행히 머리카락으로 비율을 맞춘 듯한 효과를 낼 수 있어서 괜찮아요. 두상이 정상 범위보다 크거나 하면 비율을 맞추지 않는 게 옳습니다. 두상이 큰 경우 얼굴 윤곽이나 나머지 부위를 줄이면 가분수처럼 보이게 됩니다. 여성들은 키가 170cm 후반대가 거의 없으므로 안면윤곽 수술을 하면 대부분 예뻐집니다.

수술 후 부자연스러운 느낌이 들 수도 있나요?

부자연스러운 느낌이 드는 것은 거의가 일시적인 현상입니다. 안면윤곽술로 뼈를 고치면 처음에는 근육의 방향이 바뀌어서 어색하게 느껴질지 모르지만, 2주 정도면 충분히 적응이 됩니다. 대부분은 수술 후 1, 2주면 일상생활에서도 티가 나지 않습니다.

문제는 본인입니다. 수술 후 과거와 달라진 모습을 계속해서 이상하다고 느끼면 괴로워지기 시작합니다. 10분, 15분 뚫어지게 수술 부위를 쳐다 보곤 하다가 황당한 이야기를 하는 사람들이 있습니다. 턱선이 이쪽과 저쪽이 다르다, 감촉이 다르다는 등. 누구한테 그런 이야기라도 들었느냐고 하면 보통은 친구가 그랬다고 합니다. "나 수술했는데, 이쪽하고

저쪽이 좀 다른 거 같지 않아?"라고 묻는데, 어떤 답변이 나올까요? 여론 조사를 할 때 질문지 내용에 따라 통계가 다르게 잡히는 것과 같은 결과입니다.

수술로 교정하는 것은 뼈인데도 사람들은 찰흙처럼 얼굴을 빚기 원합니다. 턱 수술 후 약간의 비대칭은 어느 정도 감안해야 합니다.

신경 분포에 따라 수술을 못하는 경우도 있나요?

사람이니까 해부학적인 변이는 있을 수밖에 없습니다. 사람에 따라서 동맥이 직선으로 쭉 뻗어나가는 경우도 있고 커브를 틀듯이 곡선으로 굽어진 경우도 있습니다. 그러나 신경선이 피부 가까이 아주 밀착된 경우는 거의 없으므로, 대부분 사람들은 수술을 못 하게 되지 않을까 걱정하지 않아도 됩니다.

안면윤곽술 후 정상적인 식사는 언제부터 가능한가요?

2, 3일 후에는 정상적인 식사가 가능합니다. 입 안을 두세 군데 째어 놓았으므로 턱이 뻐근 하더라도 정상적인 식사를 하시는 것이 좋습니다.

같은 수술을 해도 참고 음식을 씹는 사람이 있지만, 못 먹겠다고 하는 사람도 있습니다. '수술이 잘못됐나?' 하는 의문이 들 정도로 야단법석을 떨었던 사람도 있습니다. 그 사람은 수술한 턱이 뒤틀릴까 봐 정상으로 돌아올 때까지 아예 밥을 먹지 않았더군요. 똑같은 상황도 성격에 따라

이처럼 다르게 받아들입니다. 그러나 씹는 것이 익숙해져야 일상으로 빨리 돌아갈 수 있습니다.

가끔 아파 죽는 줄 알았다고 하는 사람도 있는데, 뼈에는 신경이 없어서 그런 수준의 통증은 전해지지 않습니다. 통증이 있다 해도 그저 씹기에 불편한 수준이라고 해야 할까요? 실밥을 뽑을 때 그런 분들은 마취를 해달라고 난리가 납니다. 이렇게 엄살이 심한 누군가가 인터넷에 글이라도 올리면 사람들이 어떻게 생각하겠습니까? 안면윤곽 수술을 받으면 얼굴이 퉁퉁 붓고, 밥도 못 먹고, 조금만 잘못하면 입도 돌아가고, 뼈도 어긋난다는 등의 억측을 하게 됩니다. 인터넷에서 떠도는 내용은 정확한 것인지 꼭 확인해야 합니다.

안면윤곽 수술 후 일상생활로 복귀하기까지 어느 정도 시간이 걸리나요?

정상적인 수술을 했다면 일주일이면 충분합니다. 일주일이면 다른 사람들이 보기에도 어색하지 않는 얼굴로 돌아갑니다. 아무리 많이 잡아도 열흘이면 일상생활로 복귀할 수 있습니다.

안면윤곽 수술 직후 관리는 무엇에 집중해야 하나요?

밥을 먹고 턱이 삐뚤어졌다면 수술할 때 제대로 고정하지 않았다는 증거입니다. 수술이 잘못되었다는 소리죠. 수술을 제대로 받았다면 일상적인 움직임에는 큰 무리가 없습니다. 일상생활을 할 때보다 더 큰 강도의 충

격을 받으면 문제가 생기지만요.

의외로 많은 사람들이 잘못된 속설을 너무 많이 믿고 있습니다. 황당한 이야기를 하나 해보겠습니다. 안면윤곽 수술을 받으신 분이 한 달 뒤에 찾아왔는데 이상하게 많이 변해 있었습니다. 표정도 그렇고 몸도 딱딱하게 굳어 있었죠. 왜 그런지 물었더니 한 달 내내 몸을 일자로 꼿꼿이 세운 채로 잤다고 하는 겁니다. 목이 뻣뻣해서 등까지 다 굳을 지경이 됐는데도 계속 그렇게 잤다고 했습니다. 불안이 증폭되어 이런 웃지 못 할 촌극도 벌어집니다.

안면윤곽 수술을 받은 직후에는 두 가지만 주의하면 됩니다.

첫째, 염증입니다. 살을 째고 꿰매면 당연히 염증이 생길 수밖에 없습니다. 특히 입 안이라서 더욱 그렇습니다. 어딘가에 음식물이 끼면 썩기 마련입니다. 21세기에는 염증이 생길 확률이 1~2%라고 해도 꽤 높은 편입니다. 염증이 생기지 않도록 음식을 먹은 후에는 반드시 가글을 하셔야 합니다.

둘째, 충격입니다. 사고를 조심해야 합니다. 문에 부딪혀서 얼굴이 틀어지는 경우가 가끔 있습니다. 애들이 엄마에게 달려오다 머리를 부딪혀도 턱이 틀어질 수 있습니다. 골프나 농구처럼 공으로 하는 스포츠는 하지 말아야 합니다. 돌발사고만 주의하면 턱이 틀어질 일은 거의 없습니다.

얼굴뼈에 박는 핀은 안전한가요?

핀은 체내에 박고 살아도 전혀 해가 되지 않습니다. 더욱이 성형 수술을 할 때 사용하는 핀은 임플란트에 사용하는 티타늄입니다. 팔이나 다리가 부러진 사람은 평생 핀을 박고 살지만, 일상생활에 아무런 지장이 없습니다.

성형 수술을 하시는 분들이 유독 핀에 대해 예민한 반응을 보이는 것 같습니다. 하지만 몸에 지장이 생기는 것은 아니니 걱정하지 마세요. 공항 검색대를 지날 때 '삐삐' 소리가 난다는 말도 많지만, 티타늄은 철이 아니므로 절대 그런 일이 없습니다. 혹 잘못된 수술로 얼굴이 틀어진 경우 핀 때문이라고 변명하는 의사가 있을지 모르겠습니다. 그런 비슷한 이야기가 인터넷에 정설처럼 떠돈다고 해도 믿을 필요는 없습니다.

부기는 언제쯤 다 빠지나요?

이틀 정도에 가장 많이 부어올랐다가 서서히 빠집니다. 물론 개인적인 편차는 있습니다. 얼굴에 살이 많으면 많이 붓고, 살이 적으면 조금 붓죠. 수술에 따라서도 다릅니다.

광대뼈나 사각턱 수술을 한 후 부기로 고생하는 경우는 있지만, 양악 수술을 한 후에는 부기로 고생하는 사람이 거의 없습니다. 양악 수술은 얼굴 전체가 바뀌기 때문에 부었다기보다는 변했다는 느낌을 더 많이 줍니

다. 하지만 광대뼈와 사각턱 수술을 한 후에는 얼굴 틀이 그대로 있기 때문에 부기가 단번에 표시납니다.

양악 수술 후 치열이 바뀌는 경우도 있나요?

양악 수술 후 한참 시간이 지나면 치열이 바뀔 수도 있지만, 수술 직후에는 그렇지 않습니다. 요즘은 위턱과 아래턱을 동시에 움직이는 수술을 하면서 교합을 딱 맞추기 때문에 치열이 바뀌는 경우는 사실 거의 없습니다. 무리하게 수술을 했거나 특수한 경우만 아주 가끔 치열이 바뀔 뿐입니다.

가장 이상적인 수술 일정은 얼마 정도인가요?

2주입니다. 저는 가능한 한 환자들에게 2주 스케줄을 권합니다.

부정교합을 교정만으로 고칠 수 있나요?

부정교합을 교정만으로 고치기는 힘듭니다. 교정만 해서 예뻐지는 사람을 꼽는다면 김연아 정도일 겁니다. 다 정상인데 입만 나온 경우이죠. 그러나 대부분은 얼굴이 길거나 턱이 나와 있거나 비대칭이거나 주걱 모양이거나 하는 문제가 있습니다.

수술 후 재활이 필요한가요?

재활은 필요 없습니다. 겁이 나서 한 2주 정도 입도 안 벌리고 몸을 혹사시킨 경우가 아니라면요. 정상적으로 먹고, 정상적으로 입을 벌리고, 의사가 말하는 대로 트레이닝하면 곧바로 일상생활을 할 수 있습니다.

치아 교정 중에 안면윤곽 수술을 해도 되나요?

치아를 교정하는 중에 안면윤곽 수술을 하겠다면 목표를 다시 잡아야 합니다. 입만 들어가면 되는지, 좀 더 예뻐지고 싶은지 목표를 명확하게 한 다음 치아 교정을 할지, 안면윤곽 수술을 할지 판단해야 합니다.

턱 수술을 하려면 성형외과와 구강외과 중 어디를 선택해야 하나요?

미관에 문제가 있다면 성형외과를, 기능에 문제가 있다면 구강외과를 찾는 게 옳습니다. 예를 들어 턱이 아니라 턱관절에 문제가 있거나, 교합이 많이 틀어졌거나, 치열이 나쁘거나 치아 자체가 손상되었거나, 임플란트를 몇 개 한 상태라면 구강외과로 가야 합니다.

광대뼈 축소술을 받으면 얼굴이 평면적으로 보이나요?

광대뼈를 그냥 집어넣으면 평면적으로 보이지만, 회전해서 앞을 빼놓으면 입체적으로 보입니다. 옛날에는 광대뼈를 줄이기만 해서 얼굴이 밋밋해졌습니다. 하지만 요즘은 광대뼈의 앞은 빼고 뒤만 넣기 때문에 옆 광

대뼈가 줄어들고, 얼굴이 입체적으로 바뀝니다.

그런데 이런 생각을 하지 못하는 의사들이 아직 많습니다. 아직은 광대뼈 수술을 '깎고 줄여서 넣는다'라고 정의하고 있습니다. 사실 저도 그렇게 배웠기에 처음부터 광대뼈 모양을 바꿀 수 있다고 생각하지 못했습니다. 나날이 발전하는 성형술을 의사들이 못 따라가면 한정적인 수술을 할 수밖에 없습니다.

장비의 수준이 수술 결과를 바꾸나요?

설비 수준에 수술 결과가 비례한다고 할 수 있습니다. 특히 안면윤곽 수술은 성형 수술 중에서도 규모가 커서 대학병원과 거의 비슷한 설비를 갖춰놓아야 합니다. 그만큼 인적 지원도 뒷받침되어야 합니다. 마취과 의사 두세 명은 상주해야 하고, 수술 때 가급적이면 구강외과와 협진하는 것이 좋습니다. 혹시 모를 상황에 대비해서 자가발전 시스템이나 병실도 확보한 곳이 좋습니다.

돌출된 이마에는 수술이 좋은가요, 필러 시술이 좋은가요?

저라면 필러를 주입하겠습니다. 이마는 잘못 깎으면 두개골에 문제가 생길 수도 있기 때문입니다.

치아 교정은 양악 수술을 한 후에 해야 하나요?

치아 교정을 할 예정이라면 양악 수술을 한 다음에 해야 합니다. 치아 방향을 다 바꾼 다음에 양악 수술을 하면 치열을 다시 바꿔야 하니까요.

양악 수술을 받으면 턱관절에 무슨 영향이 있나요?

양악 수술은 턱관절과 아무 관계가 없습니다. 긍정적인 효과도, 부정적인 효과도 미치지 못합니다.

안면윤곽 수술을 받은 후에 마사지나 찜질을 안 하면 부기가 살이 되나요?

아닙니다. 부기는 물 때문에 생기고, 물은 빠지게 되어 있습니다.

인공 보형물을 넣는 양악 수술이나 안면윤곽 수술도 있나요?

앞 광대뼈나 이마, 턱 끝에는 인공 보형물을 넣기도 합니다. 그런데 성형 수술 원칙은 자가 조직을 사용하는 것이 우선입니다. 자신의 뼈나 조직을 사용할 수 없을 때 인공 보형물을 이용합니다.

샌드위치 절골이란 수술은 회복 기간이 얼마나 걸리나요?

샌드위치 절골은 안면윤곽 수술 가운데 규모가 작은 것 중 하나입니다. 턱뼈를 자른다는 말만 들어도 엄청 큰 수술 같지만, 다른 윤곽 수술에 비해 제일 간단합니다. 규모가 작기에 그만큼 회복 기간도 빠릅니다.

최상의 효과를 얻는
안면윤곽 성형 후 관리법

부기

- 수술 후 흔히 느끼는 통증, 부기, 식사 시 어려움은 1~3일 정도 지속 된다.
- 수술 후 이틀 동안은 부기나 멍이 생길 수 있지만 이후에 점차 빠진다.
- 수술 후 부기나 멍이 올라오는 3, 4일은 냉찜질을 하고, 이후에는 혈액 순환을 돕는 온찜질을 하는 것이 좋다.
- 고개를 숙이거나 엎드리는 행동은 금한다. 잘 때 푹신한 베개를 2, 3개 정도 받치면 부기나 통증을 가라앉히는 데 도움이 된다. 옆으로 눕거 나 엎드려 자지 말고 반듯하게 누워서 잔다.

약물

- 진통제나 항생제는 병원에서 처방한 것으로 복용하되, 아스피린 계열 은 출혈을 유발할 수 있으므로 삼간다.

음식

- 1, 2주 정도는 부드러운 죽 종류를 먹고, 그 후부터는 일반식도 가능하 다. 빨대를 사용하면 출혈이 될 수도 있으니 절대 금한다.

양치

- 수술 후 약 한두 시간은 입에 거즈를 물고 있어야 한다. 수술 후 1, 2일 간은 이를 닦거나 입을 헹굴 때 피가 날 수 있다.
- 염증을 막기 위해 지속적으로 가글을 한다.
- 양치는 1, 2주 뒤에 한다.

목욕 & 세안

- 실밥을 제거하기 전까지는 세안과 화장을 삼간다.
- 간단한 샤워는 수술 다음날부터 해도 되지만, 찜질방에 가거나 사우나 를 하는 것은 수술 3주 후부터 한다.

운동

- 가벼운 산책을 제외한 격한 운동은 수술 후 3주가 지난 다음부터 한다.

술 & 담배

- 술과 담배는 수술 후 3주가 지날 때까지 금한다. 술은 염증을 유발할 수 있고, 담배는 혈관을 수축시켜 피부를 검게 만들 위험이 있다.

기타

- 수술 후 열이 38도 이상일 때는 즉시 병원에 문의한다.

PART 07

여성의 자존심,
아름다운 가슴 만들기
- 솔루션 4

가슴 확대 수술을 하면 보형물 주변에 얇은 막이 형성되어
딱딱해지고 모양이 이상하게 변한다. 6개월 정도 끊임없이 마사지를 해야만
이런 현상을 예방하고 아름답고 촉감이 좋은 가슴을 얻을 수 있다.

여성의 가슴은 왜
부각되었을까

아름다운 유방의 크기는 규정하기기 힘들다. 한 비속어 사전에 오른 '젖통이만 큰 년'이란 말을 보면 큰 가슴은 욕설의 대상이었던 모양이다. 가슴에 대한 비하는 동서양을 떠나 존재한다. 요즘도 지나치게 가슴이 크면 무식해 보인다, 답답해 보인다는 편견이 완전히 지워진 것은 아니다. 작아도 탈이고, 커도 욕먹는 가슴. 적당히 볼륨 있는 가슴에 대한 기준은 어디서 나온 것일까? 말은 이렇게 해도 남자들의 상당수는 평균보다 큰 가슴을 선호하는 것이 현실이다.

여성의 유방은 10%의 유선과 90%의 지방질로 구성되었다. 유선은 수유를 위한 조직으로 유방 한 개당 15~20개 정도가 포진되어 있다.

그럼 나머지 90%나 되는 부분이 지방인 이유는 무엇일까? 지방이 모유를 만드는 데 도움이 된다면 이해가 가지만 그런 것도 아니고, 보온 효과를 위해서라고 생각하기에도 어딘가 어폐가 있다. 왜 유독 가슴에 지방이 모여야 할까? 인간과 유전자 구조가 99% 이상 똑같은 원숭이나 침팬지를 봐도 사람처럼 큰 가슴은 없다.

인류학자인 모리스는 여성의 가슴은 남성을 유혹하기 위해 존재하는 신체 기관이라고 주장했다. 그의 저서 〈털 없는 원숭이〉에 의하면, 영장류의 암컷들은 발정기가 되면 벌어진 성기와 독특한 냄새로 수컷을 유혹하지만, 인간은 직립보행 후 성기가 은폐되자 남성을 유혹하기 위해 가슴을 키웠다고 한다.

어쨌든 성기가 아님에도 성기가 하는 '이성에 대한 유혹'을 위임받은 가슴은 인류 역사가 시작된 이래로 매우 독특한 지위를 누렸다. 가슴은 언제나 다산과 풍요의 상징으로 여겨졌고, 여성 성기와 동등한 대우(?)를 받게 됐다. 즉, 일상생활에서 최대한 덜 노출되거나, 역설적으로 최대한 부각되는(?) 방향으로 자리 잡게 됐다.

풍요와 다산의 상징이자 성적 매력을 발산하는 여성의 가슴. 가슴을 키우기 위한 여성들의 노력은 역사가 기록된 이후로 계속 이어져 왔다. 그러나 이런 노력들은 현대의학의 관점으로 보면 사기나 속임수, 잘해봐야 의료사고로 볼 수준이었다. 예를 들면, 유방을 키우기 위해 양젖을 가슴에 넣었다가 나중에 양젖이 썩어 괴사되는 일도 벌어졌다.

그렇다면 현대의학의 관점으로 볼 때 제대로 된 가슴 성형이 시작된 것은 언제일까? 1890년대 오스트리아 빈에서 활동하던 의사 로버트 거서니는 최초로 여성의 가슴에 파라핀을 주사했다. 오늘날 야매라 불리는 불법 성형 시술에 자주 애용되는 바로 그 파라핀이다. 그렇다고 로버트 거서니를 욕하자는 것은 아니다. 당시 과학기술로 구할 수 있는 최고의 보형물이 아마 파라핀이었을 것이다. 문제는 이 파라핀이 주입된 부위에 제대로 안착되지 않았다는 것이다. 파라핀은 주입된 곳 이외의 자리로 이동해버리고 말았다.

이후부터 인류는 가슴에 집어넣을 보형물과의 전쟁에 뛰어들었다. 인체에 무해하면서도 안정적으로 효과를 주는 보형물을 확보하기 위해 의사들은 여자들의 가슴에 갖가지 보형물 후보군들을 집어넣기 시작했다. 상아, 동물의 연골, 고무, 양털, 껍데기가 고무처럼 말랑말랑한 나무 열매, 유리구슬, 자가지방(지방종, 일종의 혹)까지 이식했다.

과학기술이 조금씩 발전하면서부터는 본격적으로 화학 제품들이 여성들의 가슴 속으로 파고들었다. 폴리에틸렌 조각, 폴리비닐 알코올(포름알데히드를 이용한 스펀지 형태의 제품. 포름알데히드는 잘 알려졌다시피 발암 물질이다), 폴리에틸렌 테이프, 폴리에스테르, 테플론 등 액상 실리콘을 가슴에 주입하는 시술법도 시도됐다.

이런 노력 끝에 1950년대 여성들의 가슴은 폴리비닐 스펀지가 장착되고 폭발적으로 커지기 시작했다. 1950년대에 들어서자 미국 여성들은 풍만한 가슴의 글래머 스타일을 동경했다. 미인의 기준은 글래머가 되었다.

글래머라는 기준의 모범 답안이 된 여성은 바로 마릴린 먼로였다. 이 세기의 여배우를 보며 남성들은 열광했고, 여성들은 동경했다. 당시 이런 소문이 무성하게 돌았다.

"마릴린 먼로가 가슴에 스펀지를 집어넣었다."

마릴린 먼로가 가슴 성형 수술을 했다는 소문은 사실에 가깝다. 당시 마릴린 먼로는 이미 코 성형과 턱 성형을 한 상태였다. 최근에 경매에 나온 먼로의 흉부 X-ray 사진을 보면 정체불명의 둥근 물체가 선명하게 자리 잡고 있다.

당시 LA가 세계 성형의 메카로 자리 잡은 이유는 아름다움의 극단을 추구했던 할리우드가 있었기 때문이다. 할리우드가 내세운 미의 기준을 일반인들이 좇아가면서 성형 수술이 일반에 퍼져나갔다. 이때 주로 사용된 보형물은 스펀지였다. 그렇지만 스펀지의 시대는 오래가지 못했다. 앞에서 말했다시피 발암 물질을 가슴에 집어넣는다는 것은 곧 시한폭탄을 가슴에 달고 사는 것이기 때문이다.

각종 부작용들이 속출하면서 시대는 새로운 보형물인 실리콘에게 그 자리를 넘겨주었다. 이때부터 여성의 가슴 성형은 단순히 '크게'가 아니라 '자연스러우면서도 크게'라는 또 하나의 명제와 함께 발전했다. 그 결과가 바로 오늘날 가슴 보형물의 대명사로 자리 잡은 코젤(코헤시브젤)이었다.

아름다운
가슴이란

건강하고 아름다운 가슴은 정면에서 쇄골의 중심과 양쪽 유두를 연결할 때 정삼각형을 이룬다. 겨드랑이에서 가슴 쪽으로 이어지는 선이 부드럽게 내려오면서 약간 불룩하며, 양쪽 유두가 20cm 이상으로 벌어져 있다. 또 각각의 유방이 약간 바깥쪽을 향해 있다. 적당한 볼륨감이 있으면서 반구형에 가깝고 유방 아래 부분에 주름이 없다.

- 쇄골 중간점과 유두 간 거리 : 18cm
- 흉골절흔과 유두간 거리 : 18~22cm
- 유두간 거리 : 18~22cm
- 유방 밑주름과 유두간 거리 : 5~6cm
- 유륜의 직경 : 3.4~3.5cm
- 유두의 크기 : 1~1.5cm

단, 이 수치는 평균치이며, 적절한 수치는 개개인의 키에 따라 달라진다.

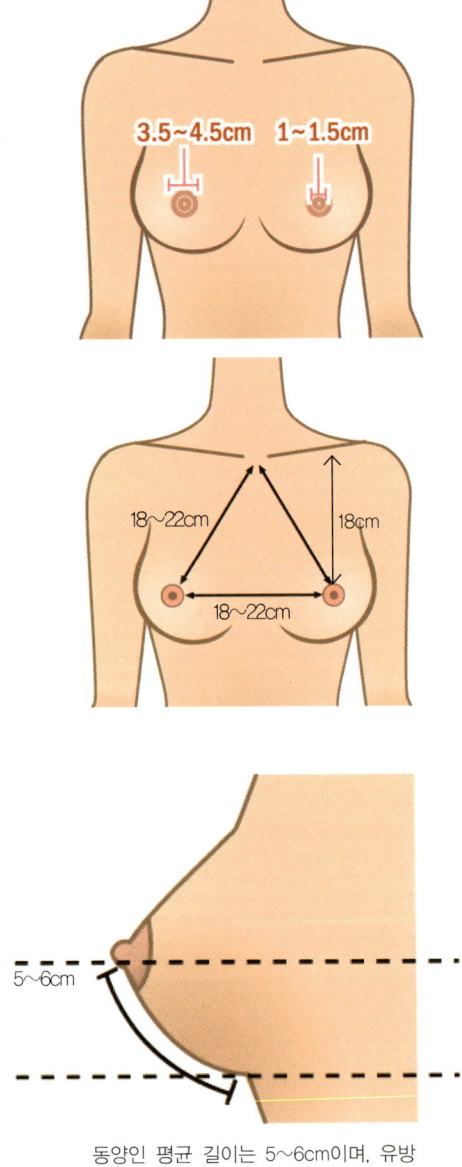

3.5~4.5cm   1~1.5cm

18~22cm   18cm

18~22cm

5~6cm

동양인 평균 길이는 5~6cm이며, 유방
확대 정도에 따라 이 길이가 늘어난다

유형별
가슴 수술

유방 확대술

체형에 비해 크기가 작거나 출산 후에 위축된 유방, 양쪽의 크기가 다른 유방을 개선하기 위해 보형물을 넣는다. 흔히 유방에 보형물을 넣을 경우 유방이 딱딱해지는 현상이 일어난다. 이를 구형 구축이라고 하는데, 유방 확대 수술 후 보통 4~8개월 정도에 발생한다. 60%가 6개월 이내에 관찰되며, 3년이 경과한 후에는 거의 발생하지 않는다.

구형 구축이 발생하면 가슴이 점차 단단해지는 것이 느껴지고, 보형물이 위로 올라가고 뒤틀린다. 사람에 따라서는 가슴 통증으로 일상생활이 힘들어지기도 한다. 가슴 확대 수술 후 발생하는 합병증 중 가장 심각하므로, 처음부터 구형 구축을 예방하는 방법이 좋다.

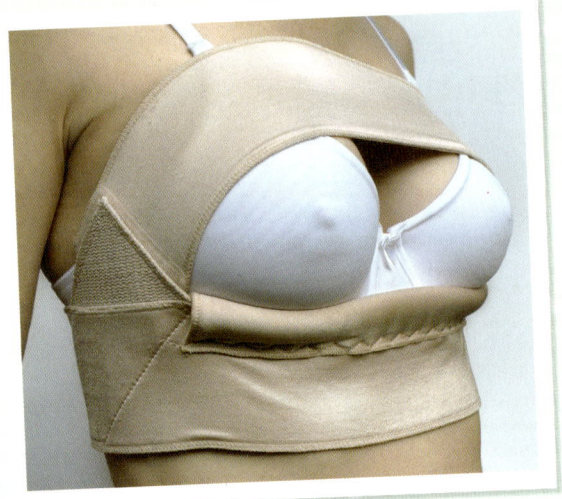

유방 보형물의 위치를 잡아주기 위해 특수 제작한 보정 브래지어

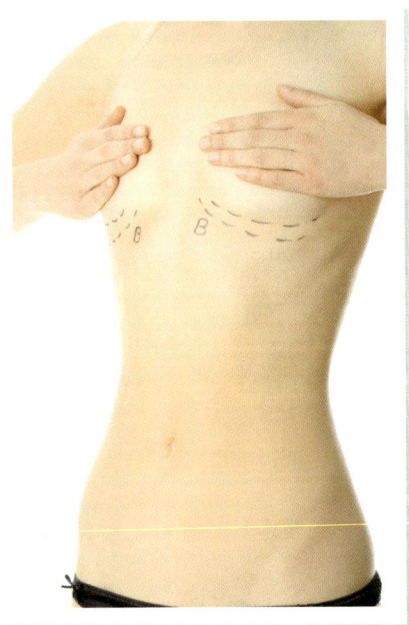

유방 확대술 전 밑그림

유방 확대 수술 전후 모습

▪ 가슴 크기

가슴 크기는 자신이 바라는 것과 자신의 체형에 맞는 것에 차이가 많이 날 수 있다. 신체적인 조건에 따라 같은 크기의 보형물을 삽입해도 다른 느낌이 난다. 키가 작고 아담한 체형이라면 보형물이 크지 않아도 다소 커 보이는가 하면, 키가 크고 체격이 큰 경우는 큰 사이즈의 보형물을 넣어도 작아 보일 수 있다. 흉곽의 넓이에 따라 같은 보형물을 넣어도 크기가 달라 보일 수 있다. 따라서 키와 체중, 기본적인 신체 조건을 고려하여 보형물의 사이즈를 정해야 한다.

▪ 절개 부위

배꼽

배꼽 안쪽에 절개선을 내고 유방 밑에 있는 근육까지 통로를 만든 후 보형물을 삽입한다. 흉터가 남지 않으나, 내시경을 해야 하기 때문에 시야가 제한된다. 생리식염수만을 사용할 수 있다는 단점이 있다.

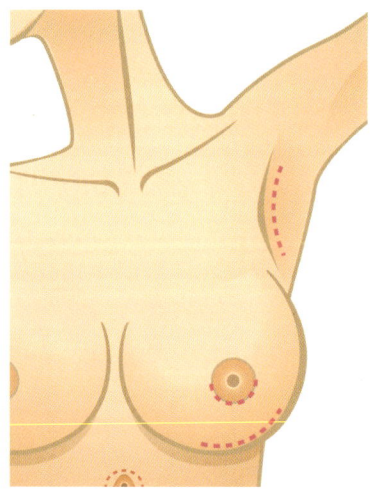

겨드랑이

흉터가 보이는 것을 싫어하는 한국인의 특성상 가장 많이 절개하는 부위다. 그러나 시야 확보가 어렵고 흉곽 내 공간을 만들기가 쉽지 않아서 가슴 위쪽이 볼록해 보이는 부자연스러운 가슴이 될 가능성이 있다.

유륜

시야 확보가 쉽고 수술 결과도 좋은 경우가 많다. 유륜에는 색이 있기에 흉터가 잘 눈에 띄지 않는다. 유륜 크기가 일정 이상 확보되지 않으면 절개가 불가능하다.

유방 밑주름

가슴 밑을 절개하여 시술한다. 수술하기가 가장 쉽고 결과 역시 가장 좋다. 다만 가슴 밑에 흉터가 남는다는 것이 단점이다.

▮ 가슴이 너무 커요

유방 축소술

체격에 비해 유방이 너무 크면 미용상 보기 좋지 않을 뿐 아니라 유방 무게로 목, 허리, 어깨 등에 통증이 오거나 척추 모양이 변할 수도 있다. 운동이나 활동에 불편이 느껴지고 콤플렉스의 원인이 되기도 한다.
유방 조직과 피부, 지방 등을 제거하여 알맞은 크기의 가볍고 탄력 있는 유방으로 만들어주는 수술이지만, 확대술과는 달리 피부를 잘라내야 하기에 흉터가 많이 생긴다.

유방의 하수 정도

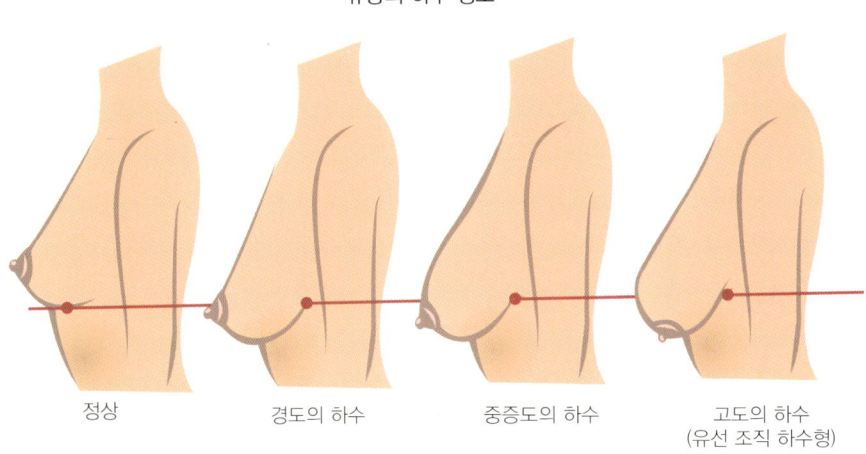

정상   경도의 하수   중증도의 하수   고도의 하수
                                                    (유선 조직 하수형)

┃ 유두가 들어갔어요

정상적이지 않은 모양의 유두는 기능상으로도 염증을 유발할 수 있다. 원인으로는 유관이 짧거나, 유두 밑 조직이 모자라거나, 유두 근육의 힘이 약한 것 등이 있다. 살짝 함몰된 유두는 수술 없이 기계로 간단히 꺼낼 수 있으나, 수술을 동반해야 하는 경우도 있다.

함몰 유두란 유두가 바깥으로 돌출되어 나오지 않고 주위 조직처럼 평탄하거나 안으로 들어간 경우를 말한다. 미적으로 좋지 않을 뿐 아니라 함몰된 부위의 위생이 나빠지고 수유가 어려워진다.

함몰 유두의 원인은 선천적인 것으로 유두 밑의 결체 조직 부족이나 유륜 내 근육 발달 미숙으로 알려졌다. 수술 원리는 부족한 조직을 채우는 것이다. 여러 가지 방법이 다양하게 사용되지만, 원리는 유두 주위 조직을 박리하여 유두 밑에 채워줌으로써 함몰된 유두를 밀어낸다.

유두가 너무 작아요

유두 축소술

미혼 여성들의 일반적인 유두 크기는 지름이 5~10mm, 높이가 5mm 내외다. 개인 차이가 크다. 거대 유두의 경우 모유 수유를 고려해 유관이 가능한 한 적게 다치는 선에서 수술한다.

유두 확대술

유두가 작은 경우 알로덤 등을 이용하여 확대한다.

보형물의
종류

예전에는 유방에 넣는 보형물로 식염수를 많이 사용했지만, 현재는 코헤
시브젤, 즉 코젤을 많이 이용한다. 가슴 수술에 사용하는 보형물은 다음
과 같은 것들이 있다. 무엇보다 자신에게 맞는 보형물을 선택해야 좋은
수술 결과를 얻을 수 있다.

코젤

현재 가장 많이 사용하는 보형물이다. 극히 드물기는 해도 만약 터질 경
우 어느 정도 점도를 유지하므로 흘러내리지 않는다. 제일 자연스러운
모양을 만들 수 있으며, 촉감도 실제 가슴과 흡사하고 안전하다. 절개 부
위가 식염수보다 좀 더 크고, 절개 방식이 제한적이라는 단점이 있다.
스무드 타입과 텍스처드 타입으로 나뉘어진다. 스무드 타입은 촉감이 우
수하지만, 수술 후 마사지를 반드시 해주어야 한다. 텍스처드 타입은 촉

코젤 스무드 타입   코젤 텍스처드 타입

감은 덜 우수하지만, 수술 후 마사지가 필요 없다.

파라핀

독일인 게일즈니가 여성의 유방을 확대하는 데 최초로 사용하면서부터 널리 알려졌다. 인체에 나쁜 영향을 끼친다는 사실이 밝혀지면서 현재는 거의 사용되고 있지 않다.

실리콘

주로 유방 성형 보형물로 많이 쓰인다. 파라핀이 인체에 나쁘다는 것이 알려지면서 많이 사용되었다. 최근에는 실리콘 또한 유해성 논란에 휩싸이면서 생리식염수에게 자리를 내주었다.

생리식염수팩

생리식염수는 인체의 체액을 0.9%의 염화나트륨 용액으로 가정하고 농도를 동일하게 제조한 등장액을 말한다. 일반 물과 달리 혈관에 직접 넣으며, 삼투압의 변화를 일으키지 않는다. 링거 등을 통해 주입해도 쇼크 등의 증세가 나타나지 않으므로 보형물이 터지더라도 인체에 해가 없다. 팩을 먼저 삽입한 후 생리식염수를 주입하기 때문에 육안으로 보면서 가슴 크기를 세밀하게 조절할 수 있다. 배꼽 절개로도 수술이 가능하다. 다만 모양과 촉감이 좋지 않다는 단점이 있다.

더블루멘

주머니가 이중으로 구성된 보형물로 안쪽 주머니에는 식염수, 바깥쪽 주머니에는 실리콘젤이 채워져 있다. 감촉은 식염수팩보다 좋다. 실리콘팩에 문제가 생겨도 잘 새어나오지 않는다는 장점이 있다.

가슴 성형 전
이것만은 잊지 말자

구한말 조선을 방문한 선교사들에게 충격적으로 비춰졌던 것 중 하나는 앞섶을 거의 풀어헤치다시피 하고 걸어가는 아낙네들의 모습이었다. 갓난쟁이를 들쳐 업고, 물동이를 이고 당당히 걸어가는 아낙네의 모습. 그것은 자식을 낳았다고 당당히 선언하는 표시였다. 퉁퉁 부어 삐져나온 가슴은 그런 당당함의 증거였다. 반면에 아이를 낳지 못한 여인은 지레 주눅이 들어 앞섶을 여며야 했다. 여자의 가슴은 조선시대에도 모성의 표상이자 여성의 자존심이었다.

이런 평가는 21세기를 살아가는 현대 여성에게도 그대로 통용된다. 브래지어의 컵 사이즈가 자존심이라는 이야기가 공공연하게 들려온다. 게다가 패션의 변화에 따라 노출이 강조된 의상이 유행하면서 거유(巨乳), 빈유(貧乳)란 말도 사용되게 됐다. 여성 비하적인 발언들이 많은 것 또한 가슴이지만, 그만큼 관심이 집중되고 있다는 반증이기도 하다. 그렇기에 많은 여성들이 가슴 성형 수술을 고민하고 행동으로 옮기려 한다.

그러나 무턱대고 가슴을 키운다고 해서 다 아름다워지는 것은 아니다. 모든 성형 수술이 그렇지만 가슴 성형 수술은 체형에 맞는 보형물과 시술법을 골라야 하고, 특히 수술 후 이렇게 관리가 중요하다.

가슴 성형을 생각한다면 적어도 다음 세 가지를 명확히 해야 한다.

첫째, 자신의 체형을 파악해야 한다.

자신의 키와 몸무게, 브래지어 사이즈, 가슴둘레와 몸통의 관계를 고려해 적당한 크기를 선택해야 한다. 맹목적으로 크면 예뻐진다는 생각으로 자신의 몸에 어울리지 않는 큰 사이즈를 고집한다면 수술을 실패할 수밖에 없다.

단순히 친구 가슴보다 크게 보이기 위해서, 남자들의 시선을 좀 더 끌기 위해서 가슴을 키우겠다는 생각은 곤란하다. 그 가슴을 안고 살아가야 하는 것은 본인이다. 물론 맞지 않는다면 보형물을 빼낼 수도 있다. 그러나 그런 고통을 감수하며 시간과 돈을 낭비를 해야 할 이유가 있을까?

둘째, 보형물이 자리잡기까지 기다려야 한다.

모든 성형 수술이 그렇지만, 수술하고 나서 바로 효과를 기대하는 것은 우물에서 숭늉 찾는 것과 같다. 당장은 부기부터 빠져야 한다. 가슴 성형의 경우 보형물이 자리를 찾아가는 기간이 더 많이 필요하다. 그 기간 동안 인내하며 기다려야 한다.

셋째, 6개월간 꾸준히 마사지해야 한다.

가슴 성형 수술을 고민하는 여성들이 많이 하는 질문은 첫째, '흉터가 많이 남는가', 둘째 '만지면 보형물이 느껴지지 않는가'이다. 솔직히 흉터가 없어지지는 않지만 대부분이 신경 쓰지 않아도 될 정도로 된다. 피부가 너무 얇지 않은 경우 촉감 역시 노력에 따라 실제 유방과 거의 비슷한 수준까지 유지할 수 있다.

중요한 것은 노력이다. 가슴 성형 수술 뒤 특히 조심해야 시기는 길어도 10일 정도면 다 끝난다. 그러나 진짜 관리를 시작해야 하는 것은 이때부터다.

앞에서도 말했듯이 가슴 확대 수술을 하면 보형물 주변에 얇은 막이 형성되고, 그 막이 점점 두꺼워지면서 가슴이 조여든다. 가슴이 딱딱해지고, 모양도 이상하게 변하는 구형 구축이 시작되는 것이다. 이런 현상이 나타나는지는 아직까지 정확히 밝혀지지 않았지만, 발생 가능성을 줄이는 방법은 스무드 타입의 보형물을 쓴 경우 마사지를 하는 것이다.

수술 후 1, 2주부터 하루 3회, 1회에 10~15분 정도의 시간을 투자해서 가슴 마사지를 해야 한다. 마사지라고 해서 고난이도의 기술을 필요로 하는 것은 아니다. 마사지를 하는 이유는 구형 구축을 막고, 보형물이 가슴 속에서 자연스럽게 움직일 수 있는 공간을 만들기 위해서다.

6개월 정도 끊임없이 마사지를 해야만 아름답고 촉감이 좋은 가슴을 얻을 수 있다. 특히나 수술하고 초반 3개월 정도는 구형 구축이 잘 되는 기간이기에 더 열심히 해야 한다.

전문의와의 **카운슬링** 서일범 원장 **가슴 성형에 관해 궁금한 모든 것**

가슴 수술을 하면 인공적으로 보이거나 촉감이 이상하지 않은가요?

기술이 많이 발전했고, 지금도 발전 중입니다. 다양한 기술의 발전으로 선택의 폭이 넓어졌습니다. 사람의 체질에 따라 여러 솔루션을 놓고 가장 최적화된 접근법을 찾게 됐다는 거죠.

최신 기술이나 시술법이 꼭 최선의 결과를 도출하지는 않습니다. 최선의 결과는 내 몸에 적합한 시술법을 택했을 때 나옵니다. 요즘 같은 시대는 그 최적을 찾아가는 방법론이 많아졌습니다.

인공적으로 보인다거나 촉감이 이상한 것은 예전의 일부 사례에 국한된 이야기일 것입니다. 구형 구축이 일어나지 않는 이상 일정한 수준의 촉감은 보장됩니다. 모양도 어떤 방법으로 어떤 공간을 만드느냐에 따라 달라집니다. 옛날처럼 위가 볼록한 가슴은 이제 많이 없어졌습니다.

흉터는 보이지 않나요?

보형물이 클수록 흉터가 길어지지만, 많은 사람들이 수술을 받는 이유는 대부분 경우 '이 정도는 괜찮다. 티가 많이 안 난다'하고 수긍하는 수준이기 때문입니다.

요즘은 어디를 가장 많이 절개하나요?

옛날에는 겨드랑이나 배꼽을 절개해서 수술을 많이 했습니다. 그러나 배꼽으로는 코젤 보형물을 넣을 수가 없어서 요즘은 겨드랑이, 유륜, 유방 밑선 중에서 하나를 절개하여 많이 수술하고 있습니다. 각자가 원하는 조건에 맞는 방법을 정합니다.

사람마다 같은 용량의 보형물을 넣어도 모양에 차이가 나나요?

그렇습니다. 생김새가 다 다르기 때문입니다. 예를 들면 어떤 사람은 가슴뼈가 튀어나왔고, 어떤 사람은 편평합니다. 갈비뼈 모양도 다르고요. 이렇게 가슴 모양이 다 다르니 똑같은 보형물을 넣는다고 해도 느낌이 다를 수밖에 없습니다. 중요한 것은 보형물의 크기가 아니라 자기 몸에 들어갔을 때 어떤 결과가 나오느냐 하는 것입니다.

가장 선호하는 보형물 용량이 있나요?

가장 많이 쓰는 용량은 280cc 전후입니다.

어떤 컵 사이즈를 많이 선호하나요?

보통 B컵을 많이 만듭니다. 조건이 되면 C컵을 만들기도 하는데, 대부분 경우 보형물이 커지면 결과가 아무리 자연스러워도 남들의 시선이 부담스러울 수밖에 없기 때문입니다.

가슴을 확대한 후 어깨가 결리지는 않나요?

B컵 정도로 확대한 후에는 결리지 않습니다. 보형물 용량이 400cc를 넘어가면 그런 느낌을 받을 수 있습니다.

패치 같은 것을 사용하면 흉터가 좀 더 적어지나요?

꼭 그렇지는 않습니다. 조금 체질이 민감한 사람은 효과를 보지만, 대부분 사람들은 굳이 사용할 필요가 없습니다.

흉터가 도드라지는 켈로이드성 체질은 수술을 추천하지 않나요?

켈로이드성 체질이 흔하지는 않습니다. 팔뚝이나 다리를 다쳤을 때 흉터가 남는다고 켈로이드성 피부라고 착각하는 사람들도 있지만, 그 부위는 누가 다쳐도 흉터가 생길 수밖에 없습니다.

실제로 켈로이드성 체질의 사람이 쌍꺼풀 수술을 해도 아무렇지 않은 경우가 많습니다. 몸에 따라 흉터가 좀 더 남는 부위가 있기는 하지만, 반드시 흉터가 도드라지는 것은 아닙니다. 목적하는 수술에 따라 흉터가 달라집니다.

유방 확대 수술 뒤 누웠을 때 자연스럽게 퍼지나요?

수술 조건마다 다르지만 대부분은 퍼집니다.

수술 후에 보정 브래지어는 왜 착용하나요?

유방의 틀이 바뀌었기 때문입니다. 원래와 다른 형태가 되었으니까 처음에 틀을 잘 잡아줘야만 보형물이 돌아가지 않고 안정적으로 결과가 유지됩니다.

보정 브래지어 착용 기간은 얼마나 되나요?

경우마다 다릅니다. 텍스처드 타입은 2, 3주, 스무드 타입은 3, 4주입니다.

스무드 타입과 텍스처드 타입의 차이는 뭔가요?

스무드 타입은 표면이 부드럽고 움직임이 좀 더 자연스럽습니다. 대신 매일 마사지를 해줘야 합니다. 시간이 지나면서 구형 구축이 생길 확률이 조금 높은 편이기 때문입니다. 텍스처드 타입은 촉감이 까칠까칠하지만 거의 마사지를 하지 않아도 됩니다.

한 마디로 말해 텍스처드 타입은 안정성이, 스무드 타입은 촉감이 좋은 편입니다. 너무 마른 사람은 촉감이 많이 떨어지기 때문에 스무드 타입을 쓰고 피부가 두꺼운 사람은 주로 텍스처드 타입을 씁니다.

가슴 수술 후 마사지는 얼마 동안 해야 하나요?

개인에 따라 다릅니다. 스무드 타입의 보형물을 넣었을 경우 두 달만에 끝나는 사람도 있고, 6개월까지 해야 하는 사람도 있습니다. 경과에 따라 기간을 조금씩 조절하는데, 보통은 3개월 정도라고 보면 됩니다. 앞에서도 말했지만 텍스처드 타입은 마사지를 거의 하지 않아도 됩니다.

보형물로 암이 생겼다는 이야기도 있고, 부작용이 생긴다고도 합니다. 안 정성에 관해 말해주세요.

실리콘팩은 안정성에 문제가 있어서 더 이상 사용하지 않습니다. 수술 결과와 촉감은 제일 좋지만, 액체라서 터지면 체내에 흡수되어 질환을 불러오기 때문입니다. 이와 달리 코젤은 터지더라도 몸에 머물러 있습니다. 덕분에 급하게 바꾸지 않아도 됩니다. 물론 인체에 해롭지도 않고요. 암은 통계상 1,000만 명 중에 80명이 걸린다고 합니다. 그 수치로는 보형 물이 암을 일으키는 원인이 된다고 보기 어렵습니다.

부작용에 관해 떠도는 많은 이야기는 옛날에 사용하던 보형물에 관한 것 입니다. 요즘 사용하는 거의 모든 보형물은 몸에 흡수되지 않기 때문에 안전하다고 볼 수 있습니다.

보형물이 터지는 경우도 있나요?

굉장히 드뭅니다. 코젤이 터졌다는 사람이 가끔 있지만 중국산을 사용한 경우가 많습니다. 정품 코젤은 쉽게 터지지 않습니다. 예전에 한 TV 프 로그램에서는 트럭이 지나가도 코젤이 터지지 않는다고 했습니다. 영하 100도에도 그대로 있고 끓는 물에서도 안정적입니다. 어지간한 압력으 로는 터지지 않습니다.

보형물에도 유효 기간이 있나요?

제조 회사에서는 20년은 멀쩡할 것이라고 이야기합니다. 옛날에는 실리콤팩이 터지는 경우가 있었지만, 30년이 넘도록 보형물이 터지지 않는 사례가 훨씬 많습니다. 그런 면에서 보면 믿어도 좋습니다. 만일 보형물이 터지면 5년까지는 무상으로 보상해줍니다. 그 뒤로는 병원에 따라 차이가 있습니다.

흉터는 얼마나 오래 가고 입원은 얼마 동안 해야 하나요?

가슴 수술은 거의 입원할 필요가 없습니다. 가슴을 확대할 경우 많은 사람이 곧바로 퇴원합니다. 가슴을 축소할 경우 보형물이 들어가는 것도 아니고 출혈이 많은 것도 아니므로 거의가 당일 곧바로 돌아갑니다.

가슴 수술은 다른 수술에 비해 통증이 크지 않나요?

가슴 수술이 더 아프기는 합니다. 그중에서도 근육 위보다 근육 아래에 보형물을 넣었을 때가 더 아픕니다.

보형물 모양도 유행을 따르나요?

그렇지 않습니다. 그냥 동그란 모양이고, 부피만 다르지 형태가 다르지는 않습니다.

물방울 모양 보형물도 유행하나요?

물방울 모양을 원하는 사람들도 있지만 대부분은 동그란 형태를 선호합니다. 본인 체형에 맞춰 보형물을 넣으면 유방 자체가 물방울 모양으로

나오기 때문입니다. 물방울 모양의 보형물이 돌아가면 유방 모양이 우습게 됩니다. 보형물을 움직이지 않게 할 수는 없습니다.

짝짝이 가슴에는 크기가 다른 보형물을 넣나요?

가슴 짝짝이는 차이를 어느 정도 줄이는 것이 원칙이지 정확히 맞추기는 힘듭니다. 보형물 자체는 똑같은 모양이라도 좌우 뼈 모양에 차이가 있으면 완벽하게 맞출 수는 없습니다. 코젤 보형물은 사이즈 간격이 25cc여서 한쪽이 10cc만큼 클 경우 다른 한쪽은 15cc 작은 채로 갈 수밖에 없습니다. 이런 식의 차이는 기술적 한계 때문이지만 크지는 않습니다.

처진 가슴을 올리는 수술도 종종 하나요?

옛날에 비해 빈도가 늘고 있습니다. 그렇지만 흉터 때문에 서양인처럼 선뜻 수술하지는 않습니다. 가슴을 많이 들어 올릴수록 흉터가 길어지기 때문입니다.

보형물이 비치기도 하나요?

피부가 얇은 경우 보형물이 느껴지기는 하지만 피부 위로 비치지는 않습니다. 염증이 생기거나 부작용이 있지 않는 한 코에 실리콘을 넣었을 때처럼 비치지 않습니다.

가슴 성형 전에 운동을 하면 더 좋나요?

보형물 위에 있는 근육이 움직이므로 운동은 하지 않는 편이 좋습니다. 보형물이 안정적으로 자리를 잡고 수술 결과가 좋으려면 가슴 근육이 편하게 있어야 합니다. 팔을 움직이거나 옷을 입을 때도 가슴에 압박이 가해질 수 있으므로 주의해야 합니다. 가슴에 무리가 가지 않아야 보형물이 변형되지 않고 틀이 잘 맞춰집니다. 그런 점에서는 신경을 덜 써도 안정적인 텍스처드 타입 보형물을 사용하는 것이 좋습니다.

최상의 효과를 얻는
가슴 성형 후 관리법

마사지
- 수술 후 2, 3일째부터 병원에서 상처 부위 소독 및 온열 치료, 가슴 부위 림프 마사지를 받는다. 10일째 다시 방문하여 한 달간 일주일에 2회씩 온열 치료와 림프 마사지를 받는다.
- 가슴 확대술을 한 후에는 일주일에 2회씩 한 달간 수술 부위를 마사지한다.
- 수술 후 3일 정도 통증이 있을 것이므로 가능한 한 휴식하며 온찜질을 한다.
- 마사지는 딱딱해지는 증상을 방지하며 수술 부위의 통증 완화를 위해 하는 것이기 때문에 병원에서 하는 정도만으로 안심해도 좋다.

목욕 & 세안
- 샤워는 수술 후 10일째 되는 날 실을 뽑은 후에 하고, 절개 부위에 물이 들어가지 않도록 한다.

운동
- 걷기와 팔을 90도 이상 올리지 않는 정도의 가벼운 스트레칭은 회복에 도움을 준다.

기타

- 수술 후 한 달 동안은 보정 브래지어와 밴드를 착용한다.
- 보형물이 가슴 안에 머무는 공간이 정해져 있기 때문에 옆으로 누워 자도 무방하다.
- 보형물은 일정한 검사를 거쳐 터지지 않는 인증된 제품이므로 엎드려 자도 된다.

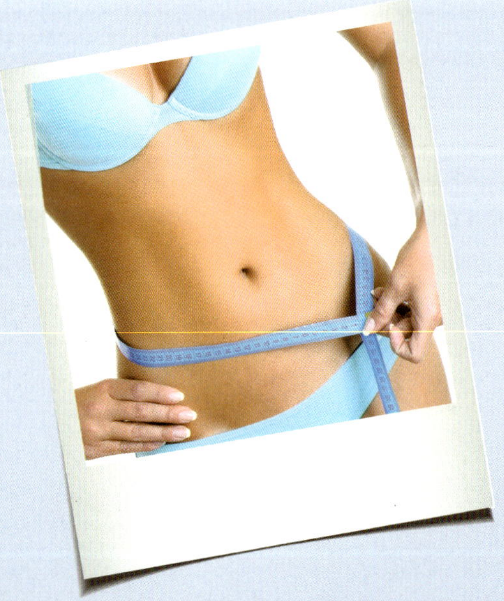

PART 08

아름다운
명품 몸매 만들기
- 솔루션 5

지방흡입술을 한 후에는 관리를 해야 그 상태를 유지할 수 있다.
하지만 다시 살이 찌더라도 몸매가 망가지지는 않는다. 어느 정도 지방 세포를
제거했으므로 더는 살이 찔 공간이 없기 때문이다.

특정 부위를 날씬하게 하는 체형 교정술

신체의 황금비율은 얼굴에만 적용되는 것이 아니다. 신체의 일부인 얼굴의 조화보다 전체적인 조화가 사람들의 눈에는 좀 더 화려하게 보이기 마련이다. 그런 탓인지 그리스와 로마의 조각상들은 두상보다 전신상이 많고, 전신상이 예술적인 가치를 더욱 인정받곤 한다.

한때 사람들이 신경 쓰던 신체지수는 키와 몸무게 정도였다. 몸무게가 키에 비례하면 이상적인 체형이 된다고 믿어왔지만, 이후 사람들의 신경은 가슴, 허리, 엉덩이 둘레로 이어지고, 종국에는 신체 각 부위를 재단하는 수준까지 이르렀다.

그러나 아무리 운동을 하고 식이요법을 하더라도 특정 부위만 살을 빼고 특정 부위만 살을 남겨놓는 것은 불가능에 가깝다. 몸매란 타고난 골격과 체질에 영향을 가장 많이 받기에 쉽게 바꿀 수도 없다는 점에서 타인에 대한 동경, 자신에 대한 비하로 이어질 가능성이 크다.

다이어트로만으로 살을 빼기는 쉽지 않다. 꾸준한 자기관리와 운동, 식이요법을 병행해도 눈에 보일 정도로 살을 빼는 것은 힘이 든다. 살을 뺀 후에 유지하는 것 역시 마찬가지다. 사람의 몸은 원래 모습으로 돌아가려는 성향이 있어서 급격한 체중 변화 후에는 적게 먹어도 지방을 더 축적한다. 통상적으로 요요 효과를 막으려면 체중을 6개월 이상 유지해야 한다.

이러한 어려움 속에서도 이상적 체형을 위한 노력은 끊임없이 계속되었다. 음식을 천천히 32번 씹고, 즙만 삼키고 나머지는 뱉어내는 '플레처라이징' 다이어트부터, 하루 800kcal를 섭취하는 포도다이어트, 당밀 다이어트에 이르기까지 시대를 풍미하는 다이어트들이 여기저기서 튀어나왔다.

살을 빼는 방법은 성형외과의 발달과 더불어 지방흡입술로 이어졌다. 지방흡입술이라고 해서 한 번의 시술로 이상적인 몸매를 만들 수는 없지만, 운동 및 식이요법에 비해 상당히 눈에 띄는 효과를 볼 수 있는데다 요요현상을 피할 수 있어 많은 사람에게 희망이 되었다.

지방흡입술뿐 아니라 개미허리 수술, 종아리 퇴축술 등으로 운동으로는 교정할 수 없었던 특정 부위의 콤플렉스를 교정할 수 있게 되었다. 적어도 반년에서 길게는 몇 년을 통해 얻어낼 체형 변화를 좀 더 손쉽게 얻어낼 수 있다는 점에서 체형 교정술은 많은 여성들의 관심을 끌고 있다.

유형별
체형 교정술

부분부분 지방이 많아요

지방흡입술은 체중 감량을 하는 것이 아니며, 몸 전체를 날씬하게 해주는 것도 아니다. 다이어트 방법으로 시행하는 경우 많은 합병증을 유발할 수 있다. 식이요법이나 운동으로 충분히 살을 뺀 후 없어지지 않은 지방을 제거할 때 가장 큰 효과를 볼 수 있다.

성인은 지방 세포가 수적으로는 늘어나지 않지만 비대해져서 살이 찐다. 그러므로 운동이나 식이요법으로 전체적인 지방 세포의 크기를 줄이고, 지방흡입술로 지방 세포의 수를 줄이는 것이 가장 이상적이다.

지방흡입술은 짧은 시간에 특정 부위를 날씬하게 하여 신체 윤곽을 아름답게 하는 간단한 시술이라는 것이 가장 매력적인 장점이다. 특히 목, 뺨, 팔, 옆구리, 복부, 등, 엉덩이, 허벅지, 무릎, 종아리, 발목 등의 지방을 제거하는 데 효과적이다. 수술을 한 후 정상적인 식이요법과 운동요법을 병행한다면 영구적인 효과를 기대할 수 있다.

　지방흡입술의 방법 중 '트리플임팩트 지방흡입술'이 있다. 이는 워터젯 방식, 파워 지방흡입 방식, 레이저 조사 방식의 세 가지를 동시에 적용하여 각각의 효과를 더함으로써 지방흡입 효과를 극대화하는 시술이다.

　이 시술은 지방흡입 이전에 지방 세포를 녹일 수 있는 성분을 혼합하여 주입하고 미세한 물분자를 이용해 그 압력으로 지방을 분쇄함으로써 지방흡입의 효율을 높여준다. 또한 흡입관이 가늘어서 혈관의 손상을 줄여 절개 부위 최소화, 수술 흔적 최소화, 멍과 부종을 최소화한다. 더욱이 물을 이용하는 시술이므로 생리적으로 안전하고 몸에 무리가 가지 않으며 기존 지방흡입술에 비해 보다 신속하게 원하는 부위만 시술이 가능하다.

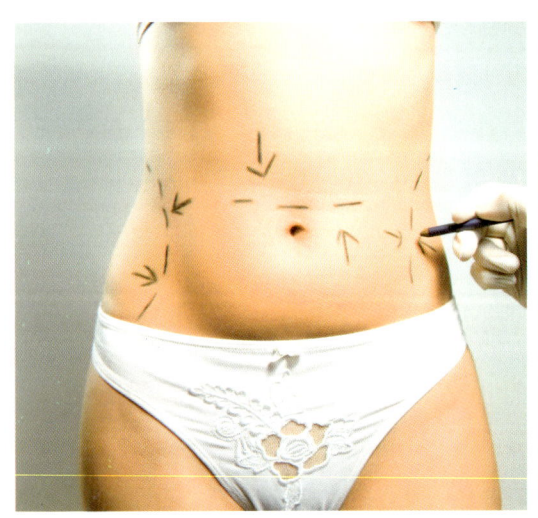

지방흡입술 전 밑그림

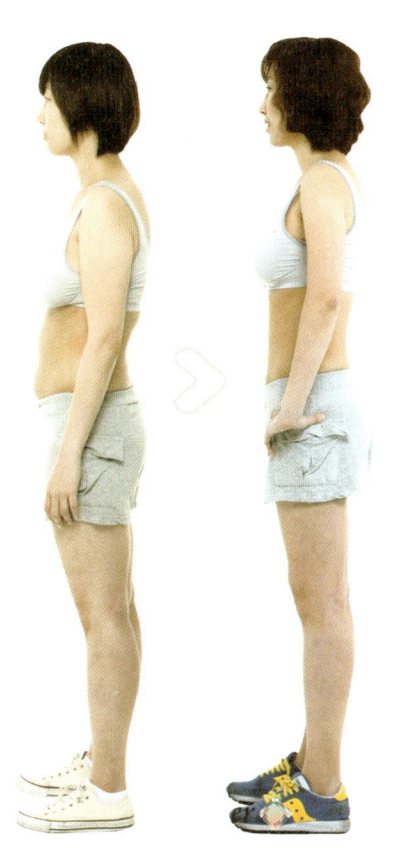

지방흡입술이 가능한 곳

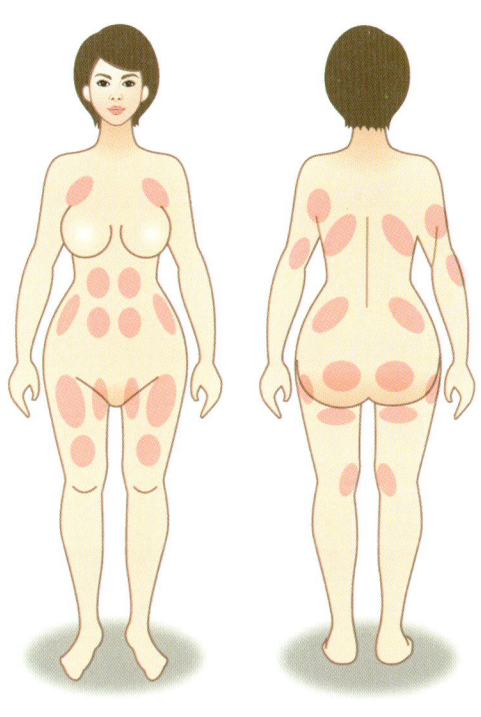

지방흡입술 전후 모습

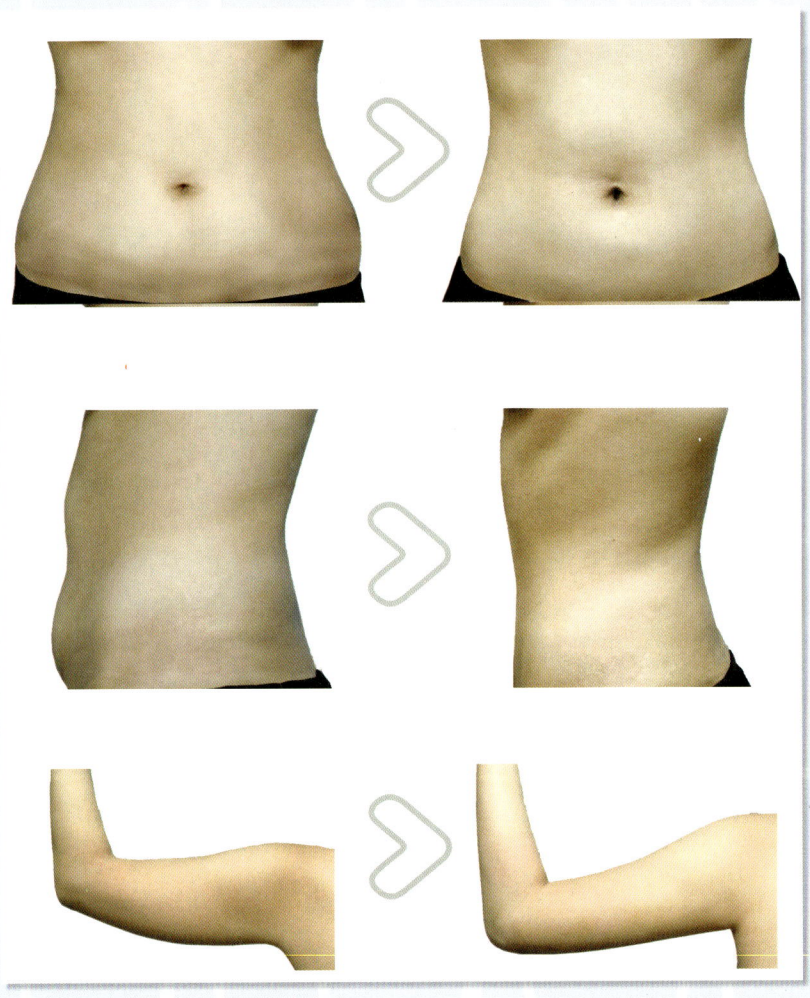

▶ 허리가 없어 보여요

복부 내시경으로 허리를 전반적으로 모아주는 수술이다. 복강을 당겨서 모아주는 것이므로 전체적인 허리 사이즈를 4~6인치 정도 감소시켜준다.

엉덩이가 납작하고 처졌어요

처지거나 살이 없어서 꺼진 엉덩이에 보형물을 넣어서 볼륨감을 살리고 엉덩이가 올라가게 하는 수술이다. 힙업 수술을 하면 허리에서 내려오는 엉덩이 라인이 동그스름하게 확대되면서 허리 라인이 더 가늘어 보이고, 볼륨감이 생기면서 엉덩이의 포인트가 위쪽으로 이동하기 때문에 다리가 길어 보이는 효과까지 동시에 얻을 수 있다.

내시경을 이용하여 더욱 정확한 공간을 만들어 시술함으로써 회복 기간을 최소화하고, 엉덩이 골 사이를 절개하여 흉터가 눈에 많이 띄지 않게 한다. 체형에 따라 적절한 추가적인 시술을 통해 더 아름다운 라인을 만들도록 한다.

처짐이 너무 심하거나 엉덩이 아래 부위 지방층이 너무 많거나 너무 말라서 대둔근이 티가 나는 사람은 필요에 따라 허벅지나 엉덩이 지방 일부를 채취하여 라인 주변으로 지방 이식을 해주면 더 큰 효과를 얻을 수 있다.

종아리에 알이 배겼어요 종아리 비절개 다중신경차단술(종아리 퇴축술)

종아리 알을 근본적으로 제거하고자 할 경우 '종아리 비절개 다중신경 차단술'이 효과적이다. 종아리는 지방 조직이 많지 않고 피부도 두껍지 않으므로 근육의 수축에 따라 라인이 변하는 부위다. 이러한 특성상 종아리 라인을 변화시키는 첫 번째는 종아리 근육의 수축 형태를 바꾸어 주는 것이다.

종아리 시술에서 중요한 것은 안전성과 효율성이다. 종아리 근육은 모

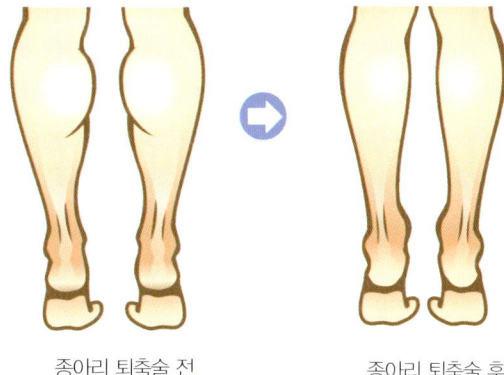

종아리 퇴축술 전   종아리 퇴축술 후

양도 중요하지만 걷는 데 필요한 근수축을 유지해야 하기 때문이다. 종아리 비절개 다중신경차단술은 무릎 뒤쪽에 아주 작은 절개창을 내고 가느다란 미세전류침을 이용하여 비복근을 지배하는 신경을 선택적으로 차단한다. 이를 통해 비복근의 부피를 축소하여 종아리 라인을 부드럽게 바꾸고 종아리의 직경이 줄어드는 효과를 얻을 수 있다.

전문의와의 카운슬링 서일범 원장 체형 교정술에 관해 궁금한 모든 것

지방흡입술을 하면 살이 처지나요?

가능성이 있지만, 나이별로 다릅니다. 튼살이 많더라도 나이가 어리면 잘 줄어듭니다. 보통은 35세가 넘어간 뒤로 배가 많이 처집니다. 그 경우 절반 정도가 수술 후에 피부를 잘라냅니다.

피부를 잘라내면 어떤 것이 좋지 않나요?

흉터가 생기는 것입니다. 지방흡입술은 바늘 자국 같은 흉터가 생기는 정도라 부담이 없지만, 피부를 절제하는 것은 흉터가 생기므로 선별적으로 합니다.

지방흡입술은 순차적으로 여러 번 하는 것이 좋은가요?

본인이 얼마만큼 관리하고 여러 번 할 수 있으며, 시간적인 여유가 있느냐에 따라 다릅니다. 무엇이 좋다고 하기보다 자신의 상황에 맞게 하면 됩니다. 한 번에 다 하는 사람도 있고, 여러 차례 나눠서 하는 사람도 있습니다. 허벅지 먼저 시술하고, 복부를 나중에 하는 경우도 있고, 허벅지 바깥쪽만 시술했다가 한 달 후에 허벅지 안쪽을 하는 경우도 있습니다.

개미허리 수술은 지방흡입술과 무엇이 다른가요?

대부분 사람들은 배가 나온 이유를 지방이 붙어서라고 하지만, 복강이 처져도 배가 나옵니다. 복강이 처져서 나온 배를 흔히 술배라고 합니다. 이 경우 지방흡입술을 해도 효과가 없으므로 개미허리 수술로 복강을 줄입니다.

지방흡입술 후에도 다시 살이 찌나요?

지방흡입술 후에도 남아 있는 지방 세포가 있으므로 관리하지 않으면 다시 살이 찝니다. 살이 찔 수밖에 없는 습관이 그대로 남아 있으면 우리 몸은 살이 찔 수밖에 없는 메커니즘대로 흘러갑니다. 바로 살이 찌지는 않고 관리를 하지 않을 경우 3개월 정도 지나면 조금씩 찌는 느낌이 듭니다.

대량으로 지방을 흡입했을 경우, 예를 들어 2,000cc 정도 지방을 뽑았을 경우 바로 살이 찌지는 않습니다. 살이 덜 찌는 체질이 되었기 때문입니다. 시술 후 한 달이 넘어가면 관리가 소홀해지는 사람들이 나타나기 시작합니다. 결국은 원래 상태로 돌아갑니다.

저는 항상 지방흡입술 후 한 달이 지나서 다시 오라고 합니다. 그때쯤이면 관리가 무너지려고 하는 시점입니다. 다시 잘 관리하도록 해야 합니다. 몸 상태를 체크하고, 식단을 확인하는 것만으로도 관리를 해야겠다는 상당한 동기 유발이 됩니다.

마라톤처럼 막막하다는 느낌이 들 것입니다. 출발이 좋아도 결승점까지 가야 목표를 이룰 수 있으니까요. '내가 제대로 달리고 있는 걸까, 이 정

도면 팬찮지 않을까, 충분히 노력했다'는 등과 같은 많은 생각이 들 것입니다. 시술을 받는 분들이 마라토너라면 의사들은 그 옆에서 조언을 하고 물을 공급하는 코치 역할을 해야 합니다.

지방흡입술 후 가장 좋은 점은 무엇인가요?

지방흡입술을 하더라도 관리를 해야 그 상태를 유지할 수 있지만, 지방을 제거하지 않고 운동만 하는 경우와는 상당히 좋은 효과를 얻을 수 있습니다. 다시 살이 찌더라도 몸매가 망가지지는 않기 때문입니다. 어느 정도 지방 세포를 제거했으므로 더는 살이 찔 공간이 없어집니다. 살이 쪄도 앞으로 둥글게 찌는 느낌이 들 것입니다.

힙업 수술은 어떻게 하나요?

자가 지방을 이식하거나 보형물을 넣습니다. 자기 지방은 안전한 반면 체내에 흡수되는 단점이 있습니다. 대량으로 지방을 이식할수록 흡수율이 높아집니다. 그러면 목표 달성에 걸림돌이 되고 고생에 비해 결과도 만족스럽지 않습니다.

하지만 이러한 단점이 장점이 되기도 합니다. 다른 부위에서 그만큼 지방을 뽑아야 하므로 아름다운 라인을 만들 수 있기 때문입니다. 필요 없는 곳의 지방을 빼서 필요한 곳으로 옮긴 후 양쪽 다 만족하는 배치를 한다면 지방이 흡수되는 단점은 어느 정도 감안할 수 있을 것입니다.

반면, 보형물을 넣으면 합병증이 생길 수 있지만 엉덩이가 확대된 느낌은 그대로 유지할 수 있습니다. 어느 것이든 장점이 있으면 단점이 있기 마련입니다.

지방흡입술을 하면 아프고 멍들고 부종이 생기나요?

멍이나 부종이 생기지만 부작용은 아닙니다. 일시적으로 멍이 들고 부종이 생기더라도 시간이 지나면 다 가라앉습니다. 허벅지에서 지방을 빼낼 때 조금 아플 뿐 통증은 거의 없습니다. 보형물을 넣을 경우 지방흡입술을 할 때보다 좀 더 아프지만, 일주일이 넘도록 지속되는 경우는 거의 없습니다.

종아리에 알처럼 뭉쳐진 근육도 고칠 수 있나요?

종아리 안쪽은 신경을 차단해서 근육을 움직일 수 없게 합니다. 보톡스와 같은 원리라고 생각하면 됩니다.

종아리 퇴축술을 하면 운동 능력이 떨어지지는 않나요?

그렇지 않습니다. 걸을 때 쓰는 근육은 건드리지 않고 외형상 나온 근육만 건드리기 때문입니다. 턱에 보톡스를 맞는다고 해서 밥을 먹지 못하는 것은 아니잖아요? 다만 시술 후에 다른 근육이 발달되어 도드라지는 경우는 있을 수 있습니다.

최상의 효과를 얻는
체형 교정술 후 관리법

일상생활

- 1,500~2,000cc 이상의 지방을 흡입한 경우 과도한 양의 지방 제거로 체액 이동이 심하므로 2, 3일은 집에서 충분히 쉰다.
- 보통 수술 당일 하루 정도 입원하고, 다음날 퇴원하여 2, 3일 동안 휴식해야 정상적인 활동을 할 수 있다.
- 팔이나 얼굴 등에서 적은 양의 지방흡입술을 했을 때는 시술 당일 하루 정도만 휴식하면 일상생활로 복귀가 가능하다.

부기

- 부위별로 다르지만, 한두 달이 지나야 수술 결과를 어느 정도 눈으로 확인할 수 있다.
- 3개월 정도면 90% 이상 결과가 나타나고, 6개월 정도까지 변화가 진행된다.
- 멍은 군데군데 조금 생기지만, 심하지 않고 2, 3주에 걸쳐 다 빠진다.

약물

- 진통제나 항생제는 병원에서 처방한 것으로 복용하되, 아스피린 계열은 출혈을 유발할 수 있으므로 삼간다.

압박복

- 수술 후에 생기는 초기 부기를 줄여주므로 처음 3, 4일간 착용할 것을

권한다.
- 압박복 때문에 손발이 붓거나 피부에 상처가 날 경우 일시적으로 착용하지 않아도 된다.
- 아무런 불편이 없거나 견딜 만할 경우 수술 후 3주 동안 착용하면 더 큰 효과를 볼 수 있다.

목욕 & 세안
- 절개를 했을 경우 실밥을 제거하기 전까지는 샤워를 삼간다.
- 찜질방에 가거나 사우나를 하는 것 등은 수술 3주 후부터 한다.

운동
- 가벼운 산책을 제외한 격한 운동은 수술 후 3주가 지난 다음부터 한다.
- 적절한 운동을 병행해야 지방흡입술 효과를 극대화할 수 있다.
- 수술 후 관리가 무너지지 않도록 가능한 한 한 달 단위로 병원에 가서 체크한다.

술 & 담배
- 술과 담배는 수술 후 3주가 지날 때까지 금한다. 술은 염증을 유발할 수 있고, 담배는 혈관을 수축시켜 피부를 검게 만들 위험이 있다.

기타
- 수술 후 열이 38도 이상일 때는 즉시 병원에 문의한다.

PART 09

아름다운 미소를
위한 치아 성형
- 솔 루 션 6

한 번의 수술로 끝나는 성형과 달리 치아 교정은 약 2년 간 꾸준한 관리가
필요하다. 따라서 교정을 하기 전에 가장 많이 고려해야 할 것은 통증과 비용,
미관상의 문제 이전에 바로 자신의 성실성이다.

미모의 마지막을
완성하는 치아

치아는 외모를 완성하는 마지막 요소다. 치아가 건강하고 가지런한 것만으로 미인이 될 수는 없지만, 치열이 엉망인데다 색깔도 누렇다면 다른 모든 부분이 충족되더라도 외모가 깎일 수밖에 없다. 아름다운 치아는 미인이 되는 충분조건은 아니지만 필요조건이다. 영화에서는 입을 다물고 있을 때는 엄청나게 아름답지만 웃는 순간 충치와 뻐드렁니가 보이는 반전을 희극 요소로 종종 사용하기도 한다.

동양에서 꼽는 미인의 조건에는 '단순호치(붉은 입술과 흰 이)'가 있다. 단순호치의 어원은 중국의 삼국시대로 거슬러 올라간다. 삼국지에서 가장 유명한 인물인 조조에게는 조비와 조식이라는 두 아들이 있었다. 조식은 문학과 사상계의 공자(孔子)로 꼽힐 만한 명문장가였는데 그의 시 〈낙신부〉에 처음으로 '단순호치'라는 대목이 등장한다.

肩若削成 腰如約素 어깨는 깎아서 이룬 것 같고, 허리는 하얀 비단을 두른 듯하다.

延頸秀項 皓質呈露 길게 빠진 목덜미에 하얀 살결 드러난다.

芳澤無加 鉛華弗御 향유도 더하지 않고 분가루도 바르지 않았다.

雲髻峨峨 修眉聯娟 쪽 찐 머리 높직하고 가지런한 눈썹은 가늘고 길다.

丹脣外朗 皓齒內鮮 붉은 입술은 밖으로 낭랑하고, 하얀 치아는 안으로 선명하다.

明眸善睞 靨輔承權 밝은 눈동자는 눈웃음 치고, 보조개는 관골을 받든다.

이 시는 조식이 자신의 형수인 문소황후를 흠모하여 지은 것이라는 이야기가 있다. 사실인지 입증하기는 쉽지 않지만, 당시 절대 권력을 지닌 조 씨 일가에서 뽑았던 미인의 조건 중 하얀 치아를 꼽았다는 것은 흥미롭다.

조선시대도 이와 비슷한 미의 기준을 엿볼 수 있다. 폭군이긴 해도 미적 안목이 그 누구보다도 뛰어났던 연산군은 자신의 연회에 참가할 기생을 특이한 방식으로 뽑았다고 전해진다. 그는 화장을 다 지운 민낯에 웃을 때 가지런하고 하얀 치아가 보이는 여성을 특히 좋아했다고 한다.

돼지털로 만든 칫솔로 치약도 없이 잇몸이 너덜너덜해지는 것을 감수하며 양치질을 하던 옛적, 치아 교정도 미백도 없던 그 시절에 어쩌면 치아 미인이란 아주 드문, 타고난 미인처럼 보였을 것이다.

동양뿐 아니라 서양도 마찬가지다. 고대 로마에서는 치아 미백 효과가 있다고 해서 이에 오줌을 바르는 기행을 일삼기도 했고, 그것으로도 모

자라 연회가 있을 때는 의치를 만들어서 착용하거나 동물의 뿔을 빻아서 발랐다고 한다. 이후 르네상스 시절에도 여러 가지 미인의 조건 중에 '상아 같은 순백의 작은 치아'가 들어갔다.

우리는 건강한 치아를 오복 중 하나라고 한다. 물론 말을 하고 음식을 씹기 위해 기능적으로 중요하기 때문이기도 하지만, 가지런하고 하얀 이를 가진 사람들이 부러워서 복을 타고 났다고 하지 않았을까?

현재도 마찬가지다. 이가 가지런하지 못하거나 누런 경우 자신 있게 웃을 수 없고 그러다 보니 전체적인 표정이 어색해진다. 꾸준히 관리하면 치아를 건강하게 유지할 수 있겠지만, 하얗고 가지런하게 하기는 힘들다. 상당 부분 유전적인 영향이 있기 때문에 이상적인 치아를 갖기란 쉽지가 않다.

기능적인 이유만이 아닌 미용적인 이유로 치과를 찾는 일이 많아졌다. 이를 갈아내고 덧씌우는 라미네이트와, 치열을 다시 배열하기 위해 생니를 뽑고 이에 힘을 가하는 고통을 2년 가까이 감수할 정도로 치아 미용은 중요해졌다. 뼈를 갈아내고 뼈를 밀어내고 이를 뽑는 치아 교정. 한순간에 끝나는 것이 아니라 지속적으로 신경 쓰고, 주기적으로 치과에 다니며 몇 년간 고통과 불편을 감수해야 하지만 아름다운 치아를 만들 수 있다는 점에서 우리는 과거 사람들보다 행복한 것이 아닐까?

치아의 미관을
해치는 부정교합

┃ 부정교합이란

교합이란 입을 다물었을 때 윗니와 아랫니가 맞물리는 상태를 말한다. 부정교합이란 치아의 배열이 가지런하지 않거나 윗니와 아랫니의 맞물림 상태가 정상 위치를 벗어나 심미적, 기능적으로 문제가 되는 것을 의미한다.

부정교합의 원인은 유전적인 영향이 큰 것으로 알려져 있다. 치아 모양이나 크기 문제, 환경적 영향, 좋지 않은 습관, 잘못된 자세, 치아 우식증, 언청이와 같은 선천성 장애 등 다양한 원인에 의해 발생한다. 구체적으로 말하면 다음과 같다.

턱 크기에 비해 치아가 크면 가지런하게 배열될 공간이 부족하므로 치아가 이리저리 뒤틀리며 비뚤게 배열되거나 엉뚱한 위치에서 나오기도 한다. 반대로 공간은 충분한데 치아 크기가 상대적으로 작다면 공간이 남아서 이 사이에 틈이 생긴다.

　아래턱과 위턱의 성장이 서로 조화를 이루지 못하고 어느 한 쪽이 많이 성장하거나 덜 자라면 부정교합이 될 수 있다. 주걱턱, 무턱 등 골격성 부정교합이 여기에 해당한다. 정상보다 치아 개수가 많거나 부족해도 부정교합이 된다.

부정교합을 방치할 경우 나타나는 증상

충치 및 잇몸질환

치열이 바르지 않을 경우 치아 사이에 음식 찌꺼기가 끼기 쉬울 뿐더러 칫솔질로 제거하기가 쉽지 않다. 그러면 치태가 증가하여 충치 및 잇몸질환이 나타날 가능성이 일반인에 비해 극단적으로 높아진다.

치아 파절 등 외상

정상 치열에서 많이 벗어난 치아가 있거나 턱 위치가 비정상이라면 외부에서 충격이 가해질 때 치아가 깨지거나 부러지는 등 손상을 입을 가능성이 커진다.

만성 소화 장애 및 입 냄새

부정교합을 방치하면 이물질이 끼여서 충치가 생기기 쉽고 입 냄새가 심해진다. 또 치아 맞물림 상태가 좋지 않아서 음식물을 충분히 씹기 어렵다. 이는 위장의 부담으로 이어져서 결국 소화 장애 등 위장질환을 가져온다. 위장질환은 충치 이상으로 역한 구취를 동반하는 경우가 많다.

미관상 문제와 발음 장애

치아 사이에 공간이 있거나 치아 위치가 좋지 않으면 미관상 보기가 좋지 않을 뿐더러 특정한 발음을 말하거나 정확한 발음을 하기가 곤란해진다. 그 영향으로 잘 웃지 않게 되고, 사람을 피하게 되는 대인기피증이 생길 수도 있다.

악관절 장애

상하 교합 관계의 부조화는 저작 시 턱관절과 주변 근육에 긴장을 가져올 수 있다. 통증을 비롯한 다양한 증상을 초래하기도 한다.

유형별
치아 교정과 성형

▎ 치아가 삐뚤빼뚤해요

부정교합을 교정하는 목적은 미적인 이유도 있지만, 윗니와 아랫니의 맞물림 상태를 좋게 하여 음식물을 잘 씹고, 정확한 발음을 하며, 구강 위생 상태를 향상시키는 등 입과 치아의 역할을 충분히 다하기 위해서다. 치아는 힘을 받으면 이동하는 성질이 있는데, 이를 이용하는 것이 바로 치아 교정이다.

부정교합 교정은 원인이나 치료 시기에 따라 다양한 방법을 이용한다. 교정 장치로는 좋지 않은 습관을 없애도록 고안한 장치, 위아래 턱뼈의 발육을 억제하거나 돕는 장치, 치아를 원하는 위치로 서서히 이동시키는 장치 등이 있다. 크게는 구강에 넣었다 뺐다 할 수 있는 가철성 장치와 치아에 부착한 후 교정이 끝날 때 떼어내는 고정식 장치로 나눈다. 이러한 장치는 치료 목적에 따라 단독 혹은 병행해서 사용한다.

일단 교정 장치를 부착하거나 사용하기 시작하면 정기적(보통 4주 간격)

으로 치과를 방문하여 치아의 이동 경과를 확인하고, 다음 단계로 넘어가기 위한 장치 조절 과정을 거쳐야 한다. 교정 기간은 개인에 따라 차이가 나며 일반적으로는 1~3년 정도 걸린다.

최근에는 임플란트나 가벼운 외과적 수술을 병행함으로써 치료 기간을 단축하는 사례가 많아졌다. 치아에 힘을 가해 이동하는 것만으로는 교정하기가 곤란한 골격성 부정교합이라면 턱뼈의 형태를 바꿔주는 턱교정 수술과 치열 교정 치료를 함께해야 한다.

브라켓 교정

현재 가장 많이 사용하고 있는 부정교합 교정 방법이다. 브라켓이라는 장치를 치아 바깥에 부착하고 교정용 철사와 고무줄 등의 탄력을 사용해 치아를 이동시키는 고정식 치료법으로, 모든 종류의 부정교합에 이용된다. 브라켓은 금속으로 된 것이 일반적인데, 치료 기간 동안 눈에 잘 띄는 것이 단점이다. 최근에는 미용상 거부감이 덜한 레진이나 세라믹을

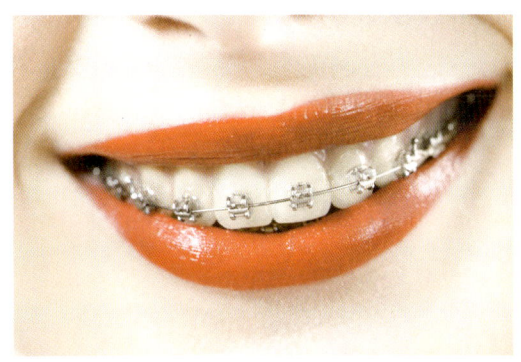
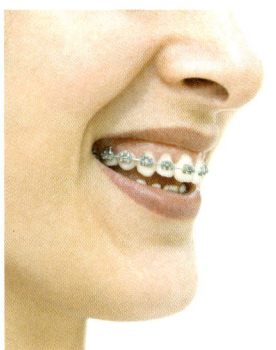

이용한 브라켓이 만들어져서 교정 기간 동안 미적인 만족도를 높일 수 있다.

설측 교정

치아 뒷면에 교정 장치를 부착한다. 치아 안쪽에 교정 장치를 붙이기 때문에 치료 기간 동안 남들이 전혀 눈치 채지 못한다. 그러나 발음이 힘들어지고, 혀도 많이 다치고, 양치질이 힘들어지는 등 여러 가지 단점이 많다. 장치가 안 보이는 쪽에 있다 보니까 의사 역시 교정기를 조정할 때 애를 먹는다. 입을 크게 벌려야 하기 때문에 턱관절이 좋지 않은 사람은 악화될 수 있다. 무엇보다 비용이 비싸다.

1970년대에 개발된 이래 널리 대중화되었다. 미적인 손상 없이 교정을 받을 수 있으므로 만족도가 높다.

인비절라인 교정

투명 레진(특수 강화 플라스틱)으로 된 틀을 이용해서 치열을 교정하는 시술이다. 과거 금속을 치아에 부착하는 교정과 달리 탈부착이 가능하다. 교정용 장치와 철사가 아닌 플라스틱 소재를 이용하므로 사용이 상당히 간편해졌다. 치료 기간은 약 1년 정도이며, 2~8주 간격으로 병원을 가야 한다.

그리 비뚤어지지 않은 치열을 교정하는 데 매우 효과적이다. 발음에도 영향이 없고 유지도 편하고 보이지도 않는다. 그러나 뿌리를 움직이는 힘을 가하기가 힘들고 교합이 많이 안 좋은 경우 사용하기 어렵다. 이러

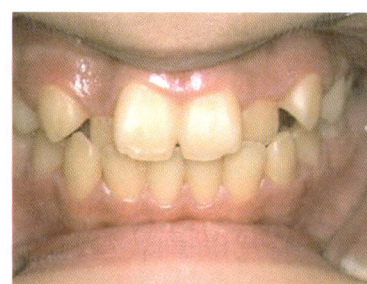 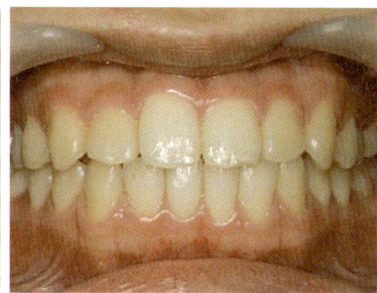

치아 교정 전   치아 교정 후

한 단점 때문에 미국에서는 사용하지 않는데, 우리나라 사람들은 도전적이고 눈에 보이지 않는 것을 선호하므로 많이 사용하고 있다.

ᛁ 치아 크기가 고르지 않아요   라미네이트

라미네이트는 미관상 목적으로 앞니의 법랑질(치아의 가장 바깥 부분의 에나멜질) 표면만 최소한 삭제한 후 도재 기공물(조개 껍질이나 손톱 모양의 기공물)을 하이브리드 복합 레진 접착제로 접착시키는 치과 보철 방법이다.

치아의 상당 부분을 제거하는 기존 보철 방법과 달리 건전한 치아를 최대한 보존하므로 치아 손상이 거의 없다. 내부에 금속이 들어가지 않으므로 자연감이나 투명감이 우수하지만, 부러질 위험성이 있다. 포세린(porcelain)이라는 보철물은 도자기와 같은 도재를 표면에 넣고 금속을 기공물 내부에 넣지만, 라미네이트에 비해 치아 삭제량이 많다.

치아 미백은 25~35% 정도의 고농도 과산화수소를 사용하고, 자가 미백은 3% 미만의 과산화수소를 사용한다. 치아 미백과 자가 미백을 동시에 하는 경우 효과가 극대화된다. 미백 원리는 고농도 과산화수소의 산화 작용으로 법랑질에 있는 착색제 구조를 단순화함으로써 하얗게 하는 것이다.

자가 미백은 치과에서 제작한 미백 트레이(tray)를 사용하여 미백제를 도포하는 방법을 말한다. 칫솔질 자체로 미백이 되는 것은 아니나 칫솔질로 프라그나 착색제가 입 안에 머무는 시간을 줄여주면 치아의 후천적인 변색 등을 예방할 수 있다.

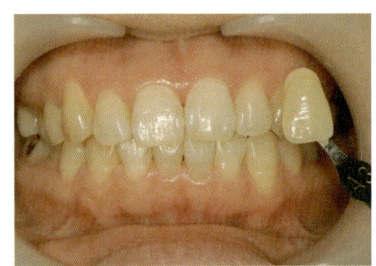

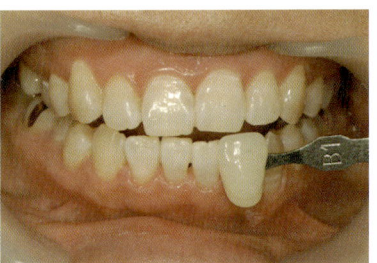

치아 미백 전　　　　　　　　　　　　치아 미백 후

치아 교정과 성형 전 이것만은 잊지 말자

어느 재일교포 3세 교수가 일본인과 한국인을 구분하려면 상대를 웃겨보라고 이야기한 적이 있다. 그는 자연스럽게 웃음이 터져 나왔을 때 치열이 고르고 이가 하얀 사람이 한국인일 가능성이 높다고 했다. 물론 주관적인 경험에 따른 이야기지만, 실제로 한국인들은 치열이 고르고 이가 하얗다는 칭찬을 일본인들에게 많이 듣는다. 한국에 관광을 온 일본인들이 한국산 치약을 사가는 일이 많다고 하니 그 교수의 말이 어느 정도는 타당하다고도 할 수 있다.

일본인에 비해 한국인들은 치열이 고른 편이지만, 턱 크기에 비해 치아가 상대적으로 커서 부정교합이나 돌출 형태를 많이 띤다. 이는 미관상, 기능상 문제로 치아 교정을 고민하는 이유가 된다. 학창 시절부터 교정기를 착용한 친구들을 꼭 볼 정도로 한국에서 치아 성형은 보편화되었다. 많은 사람이 하기에 성형 수술보다 치아 교정을 결심하기가 더 쉬울 것 같지만, 꼭 그렇지만은 않다. 치아 교정은 다음 사항을 미리 생각하고 결정해야 한다.

첫째, 자신이 부지런하고 계획성 있는 사람인지를 생각해야 한다.

한 번으로 끝나는 성형 수술과 달리 치아 교정은 약 2년 간 꾸준한 관리가 필요하다. 교정기를 착용하는 것으로 치아 교정의 상당 부분이 끝날 것이라고 생각하면 오산이다. 시작일 뿐이다. 교정기를 착용한 후 한 달 단위로 조절하여 치아를 이동시키는 방법으로 교정이 이루어진다. 만약에 한 달마다 꼬박꼬박 치과를 찾지 못해서 두세 달이 지나 치과를 찾으면 치아는 계산치보다 훨씬 많이 이동해 있게 된다. 그러면 그것을 바로잡기 위해 몇 달 이상의 시간이 필요하게 된다.

규칙적으로 치과에 가지 않는다면 교정 기간이 처음 계획에서 무한대로 길어질 수 있다. 도중에 성가시다고 교정을 포기하기라도 한다면 교정을 시작하기 전보다 치열이 훨씬 심하게 망가질 수도 있다.

치아에 교정기를 부착하기 때문에 충치가 생길 가능성이 높다는 것도 염두에 두어야 한다. 치아를 교정하기 전부터 꼼꼼하게 양치하던 사람이라도 교정기를 부착한 후에는 훨씬 더 칫솔질이 성가시게 될 텐데, 평소에 양치를 소홀히 하는 사람이라면 교정 기간 동안 치아 건강이 급속도로 나빠질 위험도 있다. 교정을 하기 전에 걱정해야 할 것은 통증과 비용, 미관상의 문제 이전에 바로 자신의 성실성이다.

둘째, 치아 교정으로 얼굴형이 예뻐질 것이라는 허황된 희망을 버려야 한다.

몇몇 연예인들이 치아 교정으로 턱선과 얼굴형이 예뻐졌다는 이야기를 하곤 하는데, 치아 교정만으로 획기적인 얼굴 윤곽의 변화는 있을 수 없다. 돌출된 이를 교정한 경우 튀어나와 보이던 입이 들어가기에 옆모습의 변화를 느낄 수 있지만, 치열을 가지런하게 하는 것만으로 얼굴형의 변화는 기대하기 힘들다.

셋째, 무슨 교정법을 선택할 것인지 생각해야 한다.

각 교정법의 장점과 단점을 파악해서 선택해야 한다. 최근에는 투명 교정이나 설측 교정 등 눈에 잘 띄지 않는 교정법이 유행하고 있다.

혀 안쪽으로 장치를 부착해서 겉에서는 보이지 않도록 하는 설측 교정은 미관상으로는 보기 좋으나, 교정 중 발음이 힘들어지고 혀를 다칠 수 있다. 의사 역시 장치를 조절하기가 힘들어 교정 효과가 떨어질 수 있다. 그런 장단점을 확실히 알고 선택한다면 무관하겠지만, 만약 교정기가 보이지 않는 것만 생각하고 결정한다면 2여 년에 이르는 교정 기간 동안 끊임없이 후회를 하게 된다.

투명 교정은 발음과 미관상 장점이 있으나, 다른 교정에 비해 치아에 힘을 가하기 힘들다. 치열 상태에 따라 애초에 선택할 수 없는 경우도 많다. 교정 기간도 많이 걸린다.

넷째, 사후 관리가 중요하다는 것을 교정 후에도 명심해야 한다.

교정이 끝난 후에도 치열이 예전 모습으로 되돌아가려고 하므로 탈착식 유지 장치를 착용해야 한다.

'지긋지긋한 교정이 끝났는데 또 이걸 껴야 한다고? 에이 괜찮겠지' 하는 생각은 절대 금물이다. 심한 경우에는 교정 후 2, 3일 만에 치열이 뒤틀리기도 한다. 모든 일은 마무리가 중요하다는 말처럼 어쩌면 교정 과정보다 유지 과정이 중요할 수도 있다는 것을 명심해야 한다.

치아 성형을 하기 전에 생각해야 할 것도 있다.

첫째, 치아 미백 효과는 영구적이지 않다.

일반적으로 치아 미백 효과는 6개월 동안 지속된다고 하는데, 커피나 콜라 등 색소가 들어 있는 음식을 많이 먹는 경우, 양치를 잘 하지 않는 경우에는 그보다 더 빨리 치아색이 변질된다. 미백 그 자체보다도 유지와 관리가 중요하다. 6개월 혹은 그보다 빠른 주기로 계속 치아 미백 시술을 받기보다는 한 차례 시술을 받은 후에 잘 관리하는 것이 좋다. 그 방법의 하나로 구석구석 치아를 깨끗하게 닦아주는 전동칫솔을 사용하면 손으로 칫솔질을 할 때 놓치기 쉬운 부분까지도 꼼꼼하게 닦을 수 있다.

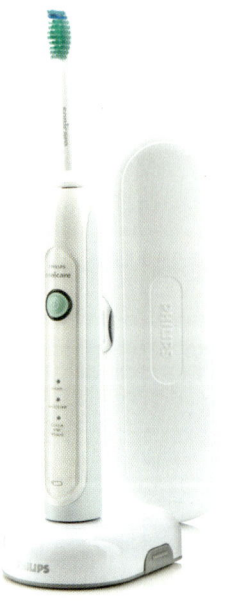

본 이미지는 미백 기능이 있는 필립스전자의 소닉케어 헬시화이트 음파전동칫솔임

둘째, 미용보다 기능을 중시해야 한다.

치아는 일정 범위까지는 갈아내도 기능이 떨어지거나 시리지 않지만, 욕심을 부려서 신경 치료까지 해가면서 대폭 갈아낼 경우 씹는 기능에 문제가 생길 수 있다. 치아 수명이 단축되고 충치에 취약해기도 한다.

치과 시술은 무엇을 목적으로 하건 치아의 기능이나 수명이 떨어지지 않도록 하는 것을 우선해야 한다.

전문의와의 이석재 원장
카운슬링 치아 성형에 관해 궁금한 모든 것

치아 교정은 얼마나 오랫동안 해야 하나요? 사람마다 기간이 다른가요?

치아 교정을 하는 유형은 치열이 바르지 않은 경우, 치아가 돌출된 경우, 주걱턱의 세 가지로 나눕니다.

치열이 바르지 않은 경우는 치아 크기가 고르지 않거나 치아가 배열되는 턱뼈 공간이 넓거나 부족한 것이 원인입니다. 이 경우 어금니를 뽑고 다른 이들을 뒤로 당겨야 합니다.

치아가 돌출된 경우도 원인이 치아에 있으면 이를 뽑고 다른 이를 이동시킵니다. 뼈 속에서 6~8개의 치아가 이동해야 하기에 교정 기간이 오래 걸립니다. 이를 빼고 하는 교정은 최소 2년 정도가 걸립니다. 치아가 다른 사람보다 크거나 해서 이동 속도가 느리면 좀 더 오래 걸리기도 합니다.

사람마다 치아의 각도와 크기가 다르고 그에 따라 교정 과정이 다르므로 걸리는 기간은 천차만별일 수밖에 없습니다. 검진을 하기 전까지는 일괄적으로 얼마가 걸린다고 말할 수 없습니다.

앞에서도 말했듯이 치아 교정을 시작한 후 치과에 잘 오지 않아도 교정 기간이 길어질 수 있습니다. 교정기로 힘을 가할 때 약 한 달 동안 치아가 이동할 것을 계산하고 장치를 조이는데, 2~3달 동안 치과에 오지 않으면 치아가 정상치보다 훨씬 많이 이동하게 됩니다. 이 경우 위치를 되돌리고 원래 계획대로 하려면 시간이 무한정 늘어날 수 있습니다.

치아 교정은 어떤 과정으로 하나요?

가장 먼저는 엑스레이 등으로 치아를 촬영하여 진단한 후 본을 뜹니다. 어떻게 보면 치과가 진단이 가장 쉬운 과입니다. 그냥 눈으로 치열을 볼 수 있고 충치도 파악할 수 있으니까요. 그러나 치아 교정은 턱뼈 상태가 어떤지, 잇몸 속에 있는 이 뿌리가 어느 방향을 향했는지 파악해야 하므로 엑스레이를 찍고 계측해야 합니다. 엑스레이 촬영 사진은 평면적인 정보만 주기 때문에 3차원적인 데이터를 얻을 수 있도록 본을 떠서 비교하며 측정해야 합니다.

그 다음에는 교정 장치를 만들어서 부착합니다. 예전에는 치아에 쇠를 부착해서 힘을 가했는데, 치아에 손상이 많이 간다는 단점이 있습니다. 그 점을 극복하기 위해 나온 것이 브라켓입니다. 기술이 개발될수록 장치가 점점 작아졌습니다. 입 천장에 부착하는 방식도 등장했습니다. 현재는 티가 안 나면서도 치료 효과가 좋은 인비절라인이라는 장치가 나왔습니다.

가장 기간이 오래 걸리는 단계가 장치를 착용하고 주기적으로 조정하는 과정입니다. 한 번에 치아를 원하는 위치로 움직일 수 있다면 좋겠지만,

힘을 너무 세게 가하면 치아가 부러지기 때문에 힘을 지속적으로 약하게 가하는 방식으로 치아를 이동시킵니다.

치아와 뼈 사이에 있는 치주인대에 힘을 가하면 눌리는 쪽에서는 뼈를 녹이는 세포가, 반대쪽에서는 뼈를 만드는 세포가 나옵니다. 이것이 바로 교정 원리입니다. 뼈가 만들어지는 속도에 한계가 있기에 3주간은 힘을 가하고 1주일은 쉬는 방식으로 한 달 사이클로 조절합니다.

마지막은 교정한 치아가 비뚤어지지 않도록 유지하는 단계입니다. 치아가 원래대로 되돌아가려는 성질을 최소화하기 위한 과정입니다.

교정할 때 꼭 생니를 뽑아야 하나요?

꼭 그렇지는 않습니다. 교정을 위해 치아가 이동할 공간을 마련하는 가장 쉬운 방법이 이를 뽑는 것입니다. 전체 치아를 모두 뒤로 밀어내는 어려운 방법도 있지만, 시간도 많이 걸리고 성공률이 그다지 좋지 않습니다. 어린이의 경우는 좀 다릅니다. 성장하는 기간 동안 턱이 많이 자라서 공간이 생기기 때문입니다. 굳이 이를 뽑는 것보다 성장 과정에 맞춰 교정하는 것이 더 좋을 수도 있습니다.

성인이라 하더라도 무조건 생니를 뽑아야 하는 것은 아닙니다. 교정에 필요한 공간에 따라 다릅니다. 필요한 공간이 크지 않을 경우 치아 사이를 조금씩 갈아내어 다듬는 방법도 있습니다. 치아는 어느 정도는 갈아내도 기능이 떨어지거나 시리지 않습니다. 3, 4mm 정도의 공간이 필요한 경우 치아마다 0.5mm씩 갈아낸다면 군이 치아를 뽑지 않아도 됩니다. 그 외에도 여러 가지 방법이 있으므로 가능하면 치아를 살리는 방향으로 교정합니다.

해부학적으로 동양인이 서양인보다 이가 돌출된 경우가 많아서 이를 뽑는 경우가 많습니다. 치아 교정을 하는 우리나라 사람들의 절반 이상은 이를 뽑습니다. 성인만 따지면 4분의 3 정도가 됩니다.

치아 교정이 끝난 후에도 장치를 계속 껴야 하나요?

재발을 막기 위해 유지 장치를 꼭 착용해야 합니다. 계속 껴야 하는 것은 아닙니다. 사람마다 착용 기간도 다르고, 잘 때만 착용해야 하는 사람도 있고, 종일 계속 껴야 하는 사람도 있습니다.

치아 교정이 잘 되면 얼굴형이 예뻐지나요?

어떤 교정을 하느냐에 따라 차이가 납니다. 돌출된 이를 교정하면 옆모습이 좋아집니다. 그러나 치열만 가지런히 하는 치아 교정만으로는 얼굴 윤곽의 변화를 기대하기 힘듭니다.

치아 교정 실패율은 어느 정도 되나요?

미국에는 기준이 되는 여섯 가지 카테고리가 있는데 그것을 다 만족해야

치아 교정을 성공했다고 봅니다. 교정 실패율은 그 카테고리를 기준으로 하느냐, 환자의 만족도를 기준으로 하느냐에 따라 다릅니다. 환자의 만족도를 기준으로 할 때는 90% 정도가 성공한다고 볼 수 있습니다.

치아 교정의 실패 원인은 무엇인가요?

의사가 잘못해서 실패하기도 하지만, 환자가 관리를 잘하지 않아서 실패하기도 합니다. 턱뼈에서 치아 이동에 한계가 있는 경우와 같은 신체적 특징으로 실패하기도 합니다. 신체적 문제로 만족스러운 결과를 보지 못하는 사람들은 통계상 약 10% 정도가 되는데, 이들은 보철 치료나 보존적 치료 등으로 마무리합니다. 결과적으로는 대부분 다 교정을 성공한다고 볼 수 있습니다.

유지 장치를 끼는 것은 얼마나 중요한가요?

앞에서 말했던 것처럼 인체는 이전으로 돌아가려는 성질이 있기에 유지 장치를 꾸준히 착용하지 않으면 교정한 치열이 다시 뒤틀립니다. 유지 장치를 끼지 않았다가 2, 3일 만에 치열이 확 뒤틀린 사람들도 있습니다. 교정은 오래 걸리지만 치열이 돌아가는 것은 무척 빠릅니다. 그런 의미에서 보면 유지 단계가 교정 단계보다 더 중요합니다.

치아 교정 기간에 식사가 불편하지는 않나요?

불편합니다. 교정 단계에서 먹는 것이 불편하지 않다면 제대로 교정이 이루어지지 않고 있는 것입니다. 모든 치아가 움직이는데 불편하지 않는 것이 오히려 이상합니다.

치아 교정은 몇 살 때 하는 것이 좋을까요? 어릴 때 할수록 좋은가요?

물론 어릴 때 하면 좋습니다. 위턱은 일찍 자라는데 아래턱은 늦게 자라기 때문입니다. 예를 들면 턱이 자라는 중인 초등학교 1, 2학년 때부터 윗니와 아랫니가 맞물리는 경우가 있습니다. 그럴 때는 주걱턱이 될 가능성이 크므로 빨리 교정을 시작해야 합니다. 조기에 치아 교정을 시작하면 주걱턱이 되는 것을 막을 수 있습니다. 초등학교 초반에 치아 교정을 시작하면 효과가 좋습니다.

그러나 어린 나이에 치아를 교정하면 단점도 있습니다. 그런 식의 교정은 치아에만 장치를 붙이는 것이 아니라 얼굴에 무엇을 쓰고 고무줄을 장착해야 합니다. 그러면 음식물을 씹기도 힘들고 놀림받기 좋습니다. 성장기 영양 공급이나 학교생활을 생각할 때 과연 옳은가 하는 의문이 듭니다. 더구나 이런 교정은 6년 가까이 장치를 붙여야 합니다. 일찍 치아 교정을 했는데도 턱이 많이 자라나서 결국 주걱턱이 되는 사람도 있습니다. 그래서 어릴 때는 쉽사리 치아 교정을 권하기가 힘듭니다. 오히

려 성인이 된 후에 수술로 돌출된 이를 넣는 게 나을 수도 있습니다.

치아 교정은 영구치가 나기 전에 해도 상관없나요?

네, 상관없습니다. 빠를수록 좋습니다. 특히 주걱턱은 유전인 경우가 많습니다. 부모가 주걱턱이면 아이도 그럴 가능성이 크므로 미리 치아 교정을 하는 것이 좋습니다.

교정기를 끼고 있다 보면 충치가 잘 생기지 않을까요?

네, 충치가 잘 생깁니다. 치솟질도 힘들고 의사도 충치를 잘 보기 힘듭니다. 충치가 생기면 교정을 계속 진행하기가 힘들어집니다. 치아를 교정하는 동안에는 더욱 양치를 잘 해야 하고, 의사도 의식적으로 충치가 있나 잘 살펴봐야 합니다.

치아를 교정하고 있는 동안 술이나 담배를 해서는 안 되나요?

크게 문제는 안 됩니다. 물론 술과 담배가 치아에 좋을 리는 없습니다. 담배를 많이 피우면 이에 니코틴이 끼고, 술을 많이 마시면 잇몸이 붓게 되니까요. 하지만 교정 자체에 큰 영향을 미치지는 않습니다.

입술이 교정기에 긁혀서 상처가 나요. 교정하는 내내 이럴까요?

교정기에 자꾸 입술이 긁히기도 하지만 우리 몸은 상처가 자꾸 생기면 그 부위를 보호하려는 자기방어 기제가 있습니다. 입 안이 빨간색인 것은 그만큼 혈관이 많다는 얘기입니다. 혈관이 많으면 상처가 났을 때 재생 능력이 큽니다. 상처가 나더라도 길어야 며칠이고, 한 번 아물고 나면 굳은살이 생겨서 상처가 잘 나지 않게 됩니다.

속성으로 치아 교정을 끝내는 시술법은 없나요?

수술을 한다면 가능합니다. 작은 어금니를 뽑고 턱뼈를 잘라서 집어넣는 수술을 하면 6, 7개월을 단축할 수 있습니다. 그렇지만 수술이라서 비용도 많이 들고 위험합니다. 시간을 단축하기 위해 무리해서 수술까지 할 필요는 없습니다.

언젠가는 기술이 더 발전해서 치아 교정에 걸리는 기간이 단축되겠지만, 현재로서는 몇 개월 만에 교정을 끝내는 방법은 없습니다. 10일 교정이라는 등의 이야기가 있긴 한데, 사실 교정이 아니라 보철 치료입니다. 신경 치료를 하고 치아를 심하게 깎아내는 것이므로 치아 수명에 좋지 않습니다.

치아 교정을 통해 교합을 맞추면 턱관절이 좋아질까요?

논란이 좀 많은 이야기입니다. 교합이 틀어지거나 치아에 이상이 있어서 턱관절에 문제가 생긴 경우는 치아 교정으로 바로잡으면 도움이 됩니다. 그러나 퇴행성 턱관절 같은 경우는 치아 교정으로 나아질 수 없습니다.

치아 교정을 통해 턱관절이 호전되었다고 느끼는 사람들도 있지만, 기분상 그런 것일 뿐 턱관절이 나아진 것은 아닙니다.

예를 들어 손가락을 베었는데 팔이 부러진다면 손가락은 아프다고 느껴지지 않습니다. 약한 통증과 강한 통증이 같이 있을 경우 약한 통증은 느끼지 못하기 때문입니다. 마찬가지로 턱관절로 통증을 느끼던 사람이 치아 교정을 하면 새로운 통증으로 턱관절의 통증을 느끼지 못하게 됩니다. 그러나 치아 교정이 다 끝나면 다시 턱관절이 아프다고 합니다. 이 모든 것은 사실 기분이 원인입니다.

치열이 심하게 뒤틀리지 않은 경우라면 교정 기간도 단축되나요?

네, 그렇습니다. 이가 움직여야 할 범위가 적으면 그만큼 교정이 빨리 끝납니다. 3~6개월이면 끝날 수도 있습니다.

앞니가 너무 커서 콤플렉스인데 치아 교정으로 해결할 수 있나요?

교정으로 어느 정도 해결할 수 있습니다. 앞으로 튀어나오면 커 보이고 뒤로 들어가면 작아 보이는 효과를 이용하면 됩니다. 그러나 그것으로 해결할 수 없을 만큼 앞니가 너무 발달했다면 조금 갈아내어 축소해야 합니다.

아래턱이 튀어나와 부정교합인 경우 치아 교정으로 해결할 수 있나요?

어느 정도 나와 있느냐에 따라 다릅니다. 아래턱이 많이 튀어나오지 않은 경우는 치아 교정만으로 부정교합을 해결할 수 있지만, 튀어나온 정도가 심한 경우는 치아 교정을 해도 재발하는 문제 등이 많이 생깁니다. 근본적인 해결책을 찾아야 합니다. 수술을 받는 것이 좋습니다.

임신 중 치아 교정은 좋지 않나요?

크게 나쁘지는 않으나 조금 걸리는 부분이 있습니다. 임신 중에는 육체 회복에 관여하는 에스트로겐이라는 호르몬이 평소보다 분비가 적게 됩니다. 그 결과 잇몸이 안 좋아지고 상처도 잘 아물지 않습니다. 임산부에게 약을 권하기는 힘들므로, 임신 중에는 유지 장치를 끼다가 출산 후에 교정을 하는 것이 좋습니다.

치아 교정 중에는 운동을 해서는 안 되나요?

운동을 해도 나쁘지 않습니다. 어떤 운동이냐에 따라 다릅니다. 복싱 같은 것은 피해야 합니다.

치아 교정 중에 사랑니가 아프면 어떻게 하나요? 교정 전에 미리 뽑아놓는 게 좋을까요?

치아 교정 중에도 뽑을 수 있습니다. 의사의 성향에 따라 다릅니다. 치아

를 교정하는 김에 사랑니를 뽑고 시작하자는 의사도 있지만, 꼭 교정 전에 사랑니를 뽑아야 하는 것은 아닙니다.

임플란트를 했는데 치아 교정을 할 수 있을까요?

어느 부위냐에 따라서 다릅니다. 어금니 임플란트를 했다면 상관없지만, 집어넣어야 할 앞니에 임플란트를 했다면 힘을 가할 수 없습니다. 그럴 때는 다른 방법을 찾아야 합니다.

치아 교정을 두 번 해도 괜찮을까요?

치아 교정 횟수는 상관없습니다. 하지만 치아를 한 번 교정하면 다시 하기가 싫어집니다. 치아 교정을 또 하는 것은 괜찮은데, 치아가 자꾸 움직이다 보면 잇몸도 나빠지고 치아 뿌리도 녹습니다. 그렇지만 꼭 해야 한다면 해야겠지요. 재차 치아 교정을 하면 기간이 단축된다는 장점은 있습니다.

기능상 이유로 치아 교정이 필요하기도 한가요?

기능상 이유로 60, 70대 노인 분들도 교정을 합니다. 치아 교정으로 편하게 잘 물고 잘 씹게 되면 잇몸이 나빠지는 것을 방지할 수 있습니다. 충치는 보통 잘 씹지 않는 부분에 생깁니다. 윗니와 아랫니가 잘 들어맞으면 음식물을 갈아주기도 하지만, 음식물을 닦아내주기도 하므로 치아가 잘 썩지 않습니다. 요즘은 미용상 목적 외에도 치아 건강을 위해 교정하는 분들이 많습니다.

치아 교정 비용을 반 값 이상 싸게 부르는 곳이 있던데 믿어도 되나요?

치과가 많이 생겨서 경쟁이 심하다보니 가격을 낮게 부르는 곳도 있습니다. 그렇지만 다른 치과에 비해 큰 폭으로 가격이 낮다면 다시 한 번 생각해보기 바랍니다. 브라켓 등이 정품이 아니거나 편법을 사용할 가능성이 높습니다. 어째서 싼지 이유를 잘 알아보셔야 합니다.

부정교합일 경우 턱 수술을 하고 나서 치아 교정을 하는 게 나은가요?

상태에 따라 다릅니다. 턱 수술을 먼저 하고 교정을 하는 경우도 있고 교정 중에 턱 수술을 하는 경우도 있습니다. 턱이 너무 튀어나왔다면 우선 수술로 턱을 집어넣고 치아 교정을 합니다. 그렇지만 교합이 많이 좋지 않은 사람이 무턱대고 턱 수술을 한 후에 치아 교정을 하면 교정이 힘들어지는 경우도 발생합니다. 그 경우 어느 정도 교정으로 치열을 맞춘 후에 턱 수술을 받고 다시 교정을 해야 합니다.

치아 교정 도중 발음이 많이 안 좋아지나요?

입 안쪽에 교정기를 다는 설측 교정의 경우 발음이 안 좋아질 수 있지만, 다른 경우에는 큰 문제가 없습니다. 계속 말을 해야 하는 직업에 종사한다면 설측 교정이 아닌 다른 방법으로 교정하는 것이 좋습니다.

덧니가 있으면 치아 교정이 힘든가요?

덧니가 얼마만큼 위에 있느냐에 따라 다릅니다. 덧니를 뽑아내야 하는 경우도 있고, 반대로 다른 이를 뽑고 덧니를 안쪽으로 집어넣는 경우도 있습니다. 크게 어렵지는 않습니다.

치아 성형은 무엇인가요? 라미네이트와 다른가요?

치아 성형은 큰 개념이고, 라미네이트는 그중 하나입니다. 치아를 가지런히 갈아낸다든가 보철 치료를 하고 예쁘게 만드는 것을 치아 성형이라고 부릅니다.

치아 성형은 어떤 과정을 통해 이루어지나요?

사람마다 상태가 다르고 원하는 목표가 다르기 때문에 과정도 다를 수밖에 없습니다. 라미네이트로 치아를 붙이는 것만으로도 치열을 가지런하게 할 수 있지만, 어떤 경우는 신경 치료를 한 후에 치아를 갈아내야 합니다. 하얀 이를 원하면 미백 치료를 합니다.

치아 성형을 하면 기능적인 문제는 없나요?

치아 성형은 미용적인 목적으로 하기 때문에 보기에는 좋을지 몰라도 물고 씹는 기능을 떨어뜨립니다. 치아를 많이 갈아내면 치아 수명도 떨어지고, 충치가 생기면 더 치명적이 될 수 있습니다.

치아 미백은 어떤 방식이 있나요? 그 방식의 장점과 단점은 무엇인가요?

치아 미백은 약을 바른 후에 레이저를 쏘아서 색소를 없애는 방식이 제일 보편적으로 이용됩니다. 약을 넣은 틀을 부착함으로써 미백을 하는 방법도 있고, 테이프를 부착하는 방법도 있습니다. 과산화수소를 이용해 색소를 없애는 동일한 원리를 사용하기 때문에 결과가 크게 차이 나지는 않습니다.

테이프를 붙이는 방식은 가격이 싸지만, 치아란 것이 울퉁불퉁하기 때문에 골고루 미백이 되지 않는 단점이 있습니다. 틀을 부착하는 방식은 약효가 작용하기까지 시간이 걸리기 때문에 오래 끼고 있어야 합니다. 레이저 시술법은 빠르고 효과적이지만 가격이 비쌉니다.

치아 미백은 영구적인가요?

영구적이지 않습니다. 보통은 6개월 동안 효과가 지속되지만 커피나 콜라 등 색소가 들어 있는 음식을 많이 먹으면 그보다 더 빨리 색이 돌아옵니다. 치아 미백을 한 후에는 본인에게 잘 맞는 칫솔과 치약으로 꾸준하게 양치하는 것이 무엇보다 중요합니다.

최상의 효과를 얻는
치아 교정과 성형 후 관리법

임플란트

- 교정 과정 중 필요에 의해 임플란트 시술을 받은 경우 48시간 동안 냉찜질한다.
- 2일간은 죽과 같은 유동식을 먹고 이후부터 정상적인 식사를 하되 자극적이거나 딱딱한 음식은 피한다.
- 양치는 3일째부터 한다.
- 열감과 부기는 사람에 따라 다르지만 3, 4일 후에 빠진다.
- 일주일간 처방약을 복용하고 술과 담배를 피한다

치아 미백

- 미백 후에는 커피, 와인, 콜라 등 색소가 첨가된 음료는 가급적 피한다.
- 미백 후에 잠시 치아가 시릴 수 있으나 2, 3일 내에 증상이 사라지므로 염려하지 않아도 된다.

치아 교정

- 치아 교정 직후 2, 3일간 통증이 지속될 수 있다. 통증이 심할 경우 진통제를 복용한다.
- 치아 교정 중 교정기를 조정할 때마다 통증이 있더라도 정상적인 반응

이므로 우려하지 않아도 된다.

- 교정 중 충치가 생길 경우 교정 장치를 떼어내고 치료한 후 다시 부착해야 하므로 충치 관리에 유의한다.
- 교정 장치가 자리하고 있어서 칫솔이 닿기 힘든 부분까지 꼼꼼하게 양치한다. 필요할 때는 특수칫솔과 치실 등을 사용한다.
- 치아 교정 중에 치아에 충격을 받으면 큰 상처가 생길 수 있으므로 격한 운동은 삼간다.
- 딱딱한 음식을 무리하게 씹을 경우 교정 장치가 휘어지거나 부러질 수 있으니 삼간다.
- 교정 중 금속 및 고무에 대한 알레르기 반응이 있다면 병원으로 가서 조치한다.
- 치아가 계획 이상으로 이동하여 교정 기간이 길어지지 않도록 계획한 일정에 따라 주기적으로 치과를 방문한다.
- 교정기에 문제가 생기거나 불편한 점이 있을 때는 즉시 치과에서 조절한다.
- 교정 후에도 치아는 원래 위치로 돌아가려는 경향이 있으므로 유지 장치를 꼭 착용한다.
- 교정 중 양치가 잘 되지 않던 부분이나 교정기에 의해 힘이 가해진 부분에 충치 등이 있는지 검진받는다.

GRAND

그랜드 성형외과

| 압구정점 |

간단한 눈과 코 성형, 노화 성형 수술을
주로 진행하며 최근 활성화되고 있는
의료관광을 통한 많은 외국인 환자를
진료하고 있는 지점입니다.

그랜드성형외과

1588-5153

그랜드성형외과

1588-5153

GRAND
PLASTIC SURGERY

그랜드 성형외과

이 절취선을 잘라 오시면
3D CT 성형 상담을
그랜드성형외과에서
무료로 받으실 수
있습니다.

대한민국 성형지존 그랜드 성형외과

그랜드 성형외과는 국내에서 유일하게 5대 전문 센터가 있는 전문 성형외과입니다.
각 센터는 특화된 성형 수술과 차별화된 서비스 및 안전 시스템,
앞선 수술법으로 국내 성형 1번지인 강남과 압구정 일대의 성형 랜드마크로서 자리매김하고 있습니다.

22명의 전문의에 의한 분야별 전문 진료

성형외과, 구강외과, 마취과, 피부과, 내과 전문의로 구성된 그랜드성형그룹은 보다 분석적이고 체계적인 시스템으로 고객의 욕구에 맞는 진료와 자연스러운 아름다움을 선사해드립니다. 특화된 지점 간의 정확한 협진시스템으로 상담, 수술은 물론 치료 및 추후 관리 시 조금 더 편안하고 접근이 용이한 지점에서 서비스를 받을 수 있습니다.

수술 전 과정의 철저한 안전관리시스템

고객의 안전을 최우선으로 하며 수술 전 과정에 걸쳐 철저한 안전관리를 합니다. 세 명의 대학병원 교수 출신 전문 마취의가 상주하고 있어 안전을 지켜드립니다. 전신마취 중에 발생 가능한 상황을 체크할 수 있는 첨단 모니터링 시스템이 있으며, 모든 수술실에는 만일의 정전 사태에 대비하여 UPS 자가발전 시스템을 확보하고 있습니다. 이외에 심장 박동을 조절하는 심장제세동기, 응급 상황에 대비하는 응급 카트 등 대학병원 수준의 전문 안전시스템을 확보하고 있습니다.

| 압구정본점 |

안면윤곽술을 제외한 눈, 코, 가슴, 지방흡입에 이르기까지 거의 모든 부위의 성형 수술을 통합적으로 진료하는 그랜드성형외과의 대표 지점입니다.

| 안면윤곽센터 |

양악 수술은 물론 사각턱, 광대뼈, 안면 비대칭, 무턱 교정 등 전 분야의 안면 윤곽 수술을 전문적으로 진단하고, 교정하는 지점입니다.

| 강남점 |

눈과 코 성형 수술은 물론 각 연령대에 맞는 주름, 모공, 흉터, 여드름 등 피부과 전문의가 노화 및 피부고민까지 분야별로 시술하며 해결하는 지점입니다.

예뻐지고 날씬해지고 싶은 여성들 다 모여라!

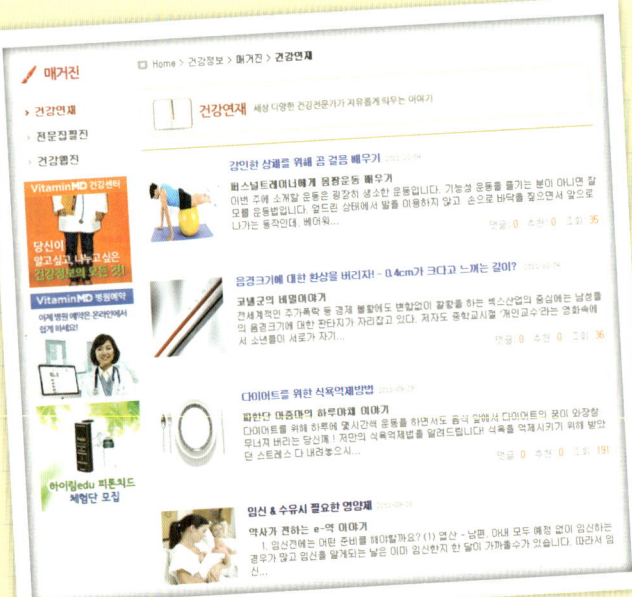

훈남 헬스트레이너인 트레이너 강, 다이어트의 대가 박용우 박사와 여에스더 원장, 피부관리와 미용 시술의 권위자 임숙희 원장과 송민규 원장 등 각 분야 최고 전문가 들이 다이어트와 뷰티에 대해 풍성한 정보를 드립니다.

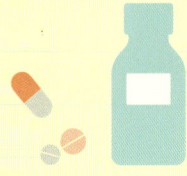

건강에 대한 모든 궁금증을 모두 해결

성형 수술, 치아 교정, 라식 & 라섹, 피부관리 등 하고 싶은 것은 많은데 누구와 상담해야 할지 몰라 고민한 적 많으시죠? 비타민MD '1:1의학상담' 코너에서는 성형외과, 피부과, 치과, 안과, 비만클리닉 등 다양한 분야의 전문의들이 여러분의 궁금증에 성실하고 친절하게 답변해 드립니다.

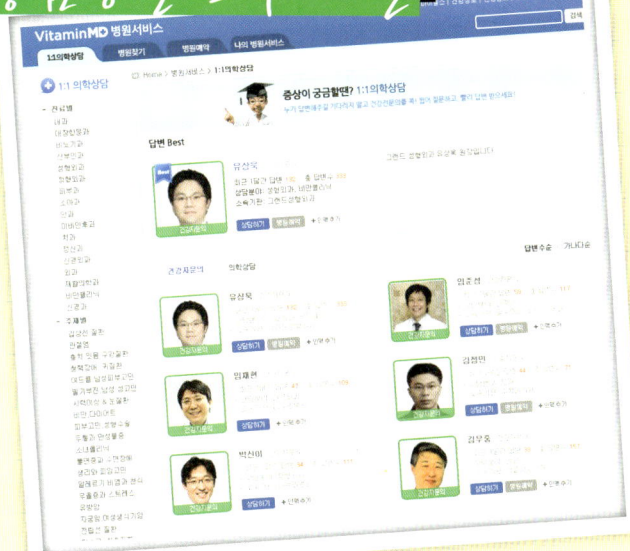

나의 건강관리를 부탁해

가족력을 알면 질환 발병률을 50%까지 줄일 수 있다는 사실 아시나요? 비타민MD '마이헬스' 코너를 통해 나의 건강 족보를 만들고, 필요한 건강 검진 항목과 관련 질환 정보를 확인해 보세요.

그밖에 최장수 건강 프로그램인 KBS 〈비타민〉의 방송 내용을 다시 볼 수 있는 '오늘의 비타민', 내가 먹는 약의 정보와 치료 후기를 확인할 수 있는 'Rx차트', 새로 나온 웰빙 제품을 무료로 써볼 수 있는 '체험 & 모니터' 등 날마다 새로운 정보와 풍성한 이벤트가 팡팡 업데이트되는 비타민MD,
꼭 즐겨찾기 해두세요.
여러분의 든든한 헬스 플래너가 되어 드리겠습니다.

VitaminMD